西安交通大学 本科"十四五"规划教材

普通高等教育电气类专业"十四五"系列教材

电磁场实验、演示及仿真

（第3版）

赵彦珍 沈 瑶 应柏青 陈 锋 王仲奕 编著

U0290448

西安交通大学出版社

XI'AN JIAOTONG UNIVERSITY PRESS

内容提要

　　本书是与"电磁场与波"课程配套的实验与上机指导书。本书内容分为4章,包括电磁场基础实验、演示实验、仿真实验及开放实验。

　　本书以验证、巩固和加深电磁场与波的理论知识为主,以注重培养学生的实验操作能力、综合分析能力、解决问题能力以及科研创新能力为目标。对第2版中原有的部分基础实验内容根据更新的实验设备进行了修改;结合电磁场仿真软件的更新和教学实践,对原有的仿真实验内容进行了修改,并增加了新的仿真实验项目;对全书的文字表达、记号采用等进行了仔细推敲。所有这些修订都是为了使本书更加完善、更加实用和易读易懂,更好地满足教学需要。

　　本书可作为电气信息类专业本科生的"电磁场与波"课程的实验与上机教学用书,也可作为其他相关专业教师、研究生以及工程技术人员的参考实验教材。

图书在版编目(CIP)数据

　　电磁场实验、演示及仿真 / 赵彦珍等编著. —3 版
.—西安 : 西安交通大学出版社,2021.1(2023.2 重印)
　　ISBN 978 - 7 - 5693 - 1796 - 1

　　Ⅰ. ①电… Ⅱ. ①赵… Ⅲ. ①电磁场-实验-高等学校-教材 ②电磁场-计算机仿真-实验-高等学校-教材 Ⅳ. ①O441.4 - 33

　　中国版本图书馆 CIP 数据核字(2020)第 163748 号

书　　名	电磁场实验、演示及仿真(第 3 版)
编　　著	赵彦珍　沈　瑶　应柏青　陈　锋　王仲奕
责任编辑	杨　瑶
出版发行	西安交通大学出版社
	(西安市兴庆南路 1 号　邮政编码 710048)
网　　址	http://www.xjtupress.com
电　　话	(029)82668357　82667874(市场营销中心)
	(029)82668315(总编办)
传　　真	(029)82668280
印　　刷	西安日报社印务中心
开　　本	727 mm×960 mm　1/16　**印张** 12　**字数** 300 千字
版次印次	2021 年 1 月第 3 版　2023 年 2 月第 3 次印刷
书　　号	ISBN 978 - 7 - 5693 - 1796 - 1
定　　价	48.00 元

如发现印装质量问题,请与本社市场营销中心联系。
订购热线:(029)82665248　(029)82667874
投稿热线:(029)82668804
读者信箱:phoe@qq.com

版权所有　侵权必究

Preface 序

教育部《关于全面提高高等教育质量的若干意见》(教高〔2012〕4 号)第八条
"强化实践育人环节"指出,要制定加强高校实践育人工作的办法。《意见》要求高
校分类制订实践教学标准;增加实践教学比重,确保各类专业实践教学必要的学分
(学时);组织编写一批优秀实验教材;重点建设一批国家级实验教学示范中心、国
家大学生校外实践教育基地……。这一被我们习惯称之为"质量 30 条"的文件,
"实践育人"被专门列了一条,意义深远。

目前,我国正处在努力建设人才资源强国的关键时期,高等学校更需具备战略
性眼光,从造就强国之才的长远观点出发,重新审视实验教学的定位。事实上,精
心设计的实验教学更适合承担起培养多学科综合素质人才的重任,为培养复合型
创新人才服务。

早在 1995 年,西安交通大学就率先提出创建基础教学实验中心的构想,通过
实验中心的建立和完善,将基本知识、基本技能、实验能力训练融为一炉,实现教师
资源、设备资源和管理人员一体化管理,突破以课程或专业设置实验室的传统管理
模式,向根据学科群组建基础实验和跨学科专业基础实验大平台的模式转变。以
此为起点,学校以高素质创新人才培养为核心,相继建成 8 个国家级、6 个省级实
验教学示范中心和 16 个校级实验教学中心,形成了重点学科有布局的国家、省、校
三级实验教学中心体系。2012 年 7 月,学校从"985 工程"三期重点建设经费中专
门划拨经费资助立项系列实验教材,并纳入到"西安交通大学本科'十二五'规划
教材"系列,反映了学校对实验教学的重视。从教材的立项到建设,教师们热情相
当高,经过近一年的努力,这批教材已见端倪。

我很高兴地看到这次立项教材有几个优点：一是覆盖面较宽，确实能解决实验教学中的一些问题，系列实验教材涉及全校 12 个学院和一批重要的课程；二是质量有保证，90％的教材都是在多年使用的讲义的基础上编写而成的，教材的作者大多是具有丰富教学经验的一线教师，新教材贴近教学实际；三是按西安交大《2010版本科培养方案》编写，紧密结合学校当前教学方案，符合西安交大人才培养规格和学科特色。

　　最后，我要向这些作者表示感谢，对他们的奉献表示敬意，并期望这些书能受到学生欢迎，同时希望作者不断改版，形成精品，为中国的高等教育做出贡献。

西安交通大学教授

国家级教学名师

2013 年 6 月 1 日

Foreword 第 3 版 前 言

作为西安交通大学本科"十二五"规划教材及"985 工程"三期重点建设实验系列教材,本书第 1 版出版已 7 年有余。该书每年被西安交通大学电气工程学院约 500 名本科生使用,获得了学生的广泛好评。本书还受到了国内多所高等院校教师和学生的关注,有些高校还采用该教材新开设了"电磁场与波"课程的实验。这些都表明了本书颇受欢迎,也鼓舞着我们努力改进该书,使之更加实用和易读易懂。

近年来,我们不断地开展了电磁场实验教学改革。加强了电磁场实验室的建设,更新了实验设备,升级了仿真软件,对原有的实验内容进行了充实和丰富,还增加了新的实验项目。为了更好地进行电磁场实验教学,我们对该书第 2 版进行了修订。

本次修订的内容主要包括以下几个方面:

1.根据更新的实验设备,对相应的基础实验内容进行了修改。具体地,对第 1 章的"静电场模拟"、"螺线管线圈磁场的研究"和"无损耗均匀传输线的研究"等 3 个基础实验内容进行了修改。

2.结合电磁场仿真软件的更新和教学实践,对原有的仿真实验内容进行了修改,并增加了 1 个新的仿真实验。具体地,对第 3 章 3.2 节原有的 5 个仿真实验的"仿真提示"重新编写,仿真步骤更为详尽,以便读者更有效地掌握软件应用,从而有更多时间用于实验项目的研究;增加了"干式空芯电抗器工频磁场屏蔽方法的仿真研究"。

3.对附录中的一些内容进行了删除、修改和增添。具体地,原附录 II 的主要仪器介绍中,删除了原 II.1、II.2、II.3 和 II.4 的内容,增添了"GVZ-4 型导电微晶静电场描绘仪"、"CH-1500 高斯特斯拉计"、"SM2030A 交流毫伏表"和"EM-WLab 微波测量线综合实验系统"作为新的附录 II.1、II.2、II.3 和 II.4 的内容;重新编写了附录 III。

4.对全书的文字表达、记号使用等进行了仔细推敲,力求更加规范、准确。

5.修正了第2版中的疏漏之处。

本书的修订吸取了读者提出的宝贵意见和建议,在此编著者谨向他们表示诚挚的谢意。

本书的修订工作由赵彦珍、沈瑶、陈锋和王仲奕完成。马西奎教授对本书的修订给予了指导性建议,在此,向他致以衷心的感谢。

新版中存在的问题,继续欢迎广大专家、同仁和读者给予批评指正。来信请寄西安交通大学电气工程学院(邮编 710049),或者通过电子邮件 zhaoyzh@mail. xjtu. edu. cn 与我们联系。

编著者

2020 年 6 月

Foreword 第 2 版 前 言

本次修订工作是在响应西安交通大学"建设世界一流大学和一流学科"的目标要求下进行的。修订的内容主要包括以下几个方面：

1. 对第 1 版书中原有的个别实验内容安排进行了一些修改和调整。具体地，对第 3 章 3.2 小节的"分片均匀导电媒质内恒定电场的模拟研究"、"静电屏蔽、磁屏蔽及电磁屏蔽的仿真研究"和"集肤效应及邻近效应的研究"等 3 个仿真实验增添了"仿真提示"的内容；对 3.2 节的仿真实验"超高压输电线路绝缘子串电压分布的仿真研究"的内容进行了重新编写，将实际的工程参数进行简化，设计出易于教学实验的三维模型，并在"仿真提示"中给出了详细的三维模型建立过程。

2. 结合教学实践，由第 1 版的 27 个实验增加到 32 个实验。主要增加的是开放实验内容。具体地，增加了 1 个仿真实验"涡流效应的仿真研究"；增加了"避雷针防护区域的可视化实现"、"家电保护器的设计与制作"、"利用电涡流传感器实现对金属表面的无损检测"以及"分裂导线周围的电场分析及其设计"等 4 个新的开放实验内容。

3. 对全书的文字表达、记号的采用进行了仔细推敲，力求更加规范、准确。

4. 修正了第 1 版中的疏漏之处。

本书的修订吸取了读者提出的宝贵意见和建议，在此编者谨向他们表达诚挚的谢意。

本书的修订工作由赵彦珍、应柏青、陈锋和王仲奕完成，马西奎教授对本书的修订给予了指导性建议，在此，向他致以衷心的感谢。

新版中存在的问题，欢迎广大专家、同仁和读者继续给予批评指正。来信请寄西安交通大学电气工程学院（邮编 710049），或者通过电子邮件 zhaoyzh@mail.xjtu.edu.cn 与我们联系。

编　者
2016 年 12 月

Foreword 第 1 版 前言

实验教学对于培养学生实验技能、科学精神、创新能力具有无可替代的意义。"电磁场与波"课程是高等学校电气信息类专业本科生必修的一门专业技术基础课。为配合"电磁场与波"课程建设，更好地进行电磁场实验教学，保证和提高实验教学质量，我们积极开展了电磁场实验教学改革，对原有的电磁场实验内容进行了充实和丰富，并结合多年的教学及科研课题，开设了系列综合性开放实验，同时，基于目前主流电磁场数值仿真软件平台，开设了电磁场仿真实验。

在这本专门的电磁场实验教材编写过程中，我们将新开设的系列综合开放实验与仿真实验内容列入其中，将电磁场领域的新进展、新技术纳入我们的实验教学中，将前沿的科研课题有机地融入到学生的课外实践当中来，以开阔学生的视野，激发学生的学习热情，使学生明白"电磁场与波"不再是一门枯燥抽象的课程，而是一项与工程实践及前沿科研紧密相关的关键技术。

本书的宗旨是以验证、巩固和加深理论知识为主，以培养学生的实验操作能力、综合分析能力、解决问题能力以及科研创新能力为目标，内容涵盖电磁场基础实验、演示实验、仿真实验及开放实验等 4 个章节，共 27 个实验。

第 1 章为电磁场的基础实验，结合"电磁场与波"理论教材《工程电磁场导论》，新编实验覆盖静电场、恒定电场、恒定磁场、时变场、均匀平面电磁波以及传输线等方面内容，实验编排顺序也考虑到授课计划进度，与教材内容紧密配合以保证完成相关理论学习之后，及时地通过实验来验证、巩固和加深所学的理论知识。本章包括静电场模拟、部分电容的测定、接地电阻的测定、霍尔效应的研究、螺线管线圈磁场的研究、两线圈互感的测定、无损耗均匀传输线的研究等 7 个实验。

第 2 章为电磁场演示实验，结合电磁场在工程实际中的应用，通过这些演示实验，引导学生观察、思考及分析实验过程、现象和原理。本章包括静电除尘、时变电磁场演示、电磁感应现象的观测、激光与光纤通信等 4 个实验。

第 3 章为电磁场仿真实验，结合当前主流的计算机编程软件、电磁场数值分析

1

Ansoft 软件和工程仿真软件 PSpice 软件平台,综合训练学生对电磁场问题数值计算的编程能力、使用 Ansoft 软件分析典型工程电磁场问题的技能、使用 PSpice 软件分析典型电阻网络和波传输特性等工程问题的技能,使理论知识和实际工程技术应用相结合,拓宽学生视野,提高专业能力,激发学习热情。本章包括计算机编程实验、Ansoft Maxwell 2D 工程软件仿真实验及 PSpice 工程软件仿真实验 3 节。其中,3.1 节包含了应用有限差分法求解接地金属槽内部的电位分布、应用模拟电荷法计算球—板电极系统间的电位分布、应用直接积分法计算螺线管线圈的磁场以及应用有限元法求解整流子与同轴接地圆管之间的电场等 4 个编程仿真实验。3.2 节包含了采用 Ansoft Maxwell 2D 工程软件平台求解分析典型工程电磁场问题,包含了分片均匀导电媒质内恒定电场的模拟研究,静电屏蔽、磁屏蔽及电磁屏蔽的研究,集肤效应及邻近效应的研究以及特高压输电线路绝缘子串电压分布的仿真研究等 4 个仿真实验。3.3 节包含了采用 PSpice 工程软件仿真实验平台进行静电场的电阻网络模拟、电磁波传播特性的仿真研究以及无损耗均匀传输线的仿真研究等 3 个仿真实验。

第 4 章为电磁场开放实验,结合当前的新知识、新技术以及与前沿的科研活动相关的内容,选取典型、有趣的实际工程问题作为开放性实验,通过综合分析和综合设计能力的训练,增强学生的自信心,激发学生的学习热情,培育学生科研创新能力。本章包括导体对电场分布的调整和控制作用的研究、均匀磁场实现方法的研究、电磁炮模型的设计与制作、电感线圈设计程序的实现以及干式空芯电抗器匝间短路故障在线检测等 5 个开放实验。

本书内容丰富、全面,富有代表性、趣味性及先进性;编排按先易后难、先基本后综合再创新的顺序,具有层次化、模块化的结构,便于选用。

本书由赵彦珍、应柏青、陈锋、王仲奕编写。马西奎教授对本书的编写工作给予了指导性的建议,在此,编者向他致以衷心的感谢。

限于作者的水平和实践经验,书中定有不少疏漏和不足之处,敬请读者赐教。来信请寄西安交通大学电气工程学院(邮编 710049),或者可通过电子邮件 zhaoyzh@mail. xjtu. edu. cn 与我们联系。

编　者
2013 年 4 月

Contents 目录

第 1 章　电磁场基础实验

1.1　静电场模拟

(1)掌握静电场模拟的原理,学习应用恒定电流场模拟静电场的实验方法。

(2)学习导电媒质中模拟场的测试方法。

(3)通过对几种典型电极的模拟,研究电场的分布规律,加强对电场强度和电位的理解。

二、原理与说明

(1)在电源外均匀导电媒质内部的恒定电流场方程和无电荷分布区域中均匀介质内部的静电场方程如表 1.1-1 所示。由此可见,两种场的方程有相似的形式;恒定电流场的电流密度 J 对应于静电场的电位移矢量 D,电流线对应于电场线;两种场的位函数均满足拉普拉斯方程。因此,当恒定电流场与静电场的边界条件相同时,两者等位线的分布一致,电流密度 J 的分布与电位移矢量 D 的分布也完全相同。根据这种相似性,在一定条件下,可以根据静电场的计算结果求得恒定电流场,或反之。这种方法称为静电比拟法。

表 1.1-1　恒定电流场与静电场的方程

恒定电场(电源外)	静电场($\rho = 0$ 处)
$\oint_l \boldsymbol{E} \cdot \mathrm{d}\boldsymbol{l} = 0$	$\oint_l \boldsymbol{E} \cdot \mathrm{d}\boldsymbol{l} = 0$
$\oint_s \boldsymbol{J} \cdot \mathrm{d}\boldsymbol{S} = 0$	$\oint_s \boldsymbol{D} \cdot \mathrm{d}\boldsymbol{S} = 0$
$\nabla \times \boldsymbol{E} = 0$	$\nabla \times \boldsymbol{E} = 0$
$\nabla \cdot \boldsymbol{J} = 0$	$\nabla \cdot \boldsymbol{D} = 0$

恒定电场(电源外)	静电场($\rho = 0$ 处)
$E = -\nabla\varphi$	$E = -\nabla\varphi$
$\nabla^2\varphi = 0$	$\nabla^2\varphi = 0$
$\varphi = \int E \cdot dl$	$\varphi = \int E \cdot dl$

在实际工程中,我们常常需要研究各种电极或带电体的静电场。在许多情况下很难求得静电场的解析解,此时,采用实验的方法来确定静电场分布是一种行之有效的方法。而直接对静电场进行测量是相当困难的,这是因为,静电场中没有电流,无法用普通的电压表进行测量,只能采用静电仪表。另外,仪表本身总是导体或电介质,一旦把仪器放入静电场中,原静电场将被改变,导致测量失真。相反,由于恒定电场中的电流、电位分布易于测量,因此,可用边界条件与静电场相同的恒定电流场来研究待求的静电场特性。

本实验将采用静电比拟法,通过恒定电流场模型来研究 4 种典型电极周围的静电场分布。

(2)采用恒定电流场模拟静电场时,必须满足以下条件:

①选用均匀的各向同性的导电材料作为恒定电流场的导电媒质;

②制作电极的金属材料的电导率必须远大于导电媒质的电导率,以使电极与导电媒质的分界面是等位面;

③电极电压必须稳定,以使电极及场域的电位分布稳定。

(3) 在测量恒定电流场的场量时,需注意,若电极形状和导电媒质具有对称性,则场分布也具有对称性,因此,可测量局部区域的场量,再根据对称性得到整个场域的场分布。另外,在实验中,只需测出等位线的分布图,再根据电力线与等位线处处正交的性质即可绘出电力线图,还可根据 $E = -\nabla\varphi$ 求出场中任意点的电场强度。

(4)几种典型模型的电场计算公式如下。

①平板电容器:设电容器极板的尺度远大于极板间距离,如图 1.1 - 1 所示,忽略端部边缘效应,极板可视为无限大平板,那么,电容器两极板间的电场强度为

$$E = \frac{U}{d}e_x \tag{1}$$

电位 φ 仅为 x 坐标的函数,且

$$\varphi = U - \frac{U}{d}x \tag{2}$$

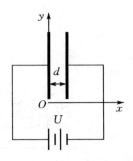

图 1.1-1 平板电容器

式中，d 为电容器两极板间距离，U 为电容器两极板间电压。

②长直同轴电缆：设同轴电缆长度远大于其横截面半径，忽略端部边缘效应，对垂直于电缆轴的任意圆截面，如图 1.1-2 所示，采用圆柱坐标系，其内外导体间的电场强度仅有随径向坐标变量 ρ 变化的径向分量，且

$$E = \frac{U}{\rho \ln \dfrac{b}{a}} e_\rho \tag{3}$$

电位为

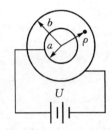

图 1.1-2 同轴电缆

$$\varphi = \frac{U \ln \dfrac{b}{\rho}}{\ln \dfrac{b}{a}} \tag{4}$$

式中，a、b 分别为同轴电缆内、外导体半径，U 为同轴电缆内外导体间电压。

③两平行长直带电导线：两带有等量异号电荷的平行长直导线，导线半径均为 a，如图 1.1-3(a)所示，设两导线长度均为 l，且 l 远大于两导线间距 $2h$，那么，可忽略端部边缘效应。根据电轴法，两平行长直带电导线外部的电场可视为相距为 $2b$ 的两线电荷的电场，如图 1.1-3(b)所示。

场域中任一点 P 处的电位为

$$\varphi = \frac{\tau}{2\pi\varepsilon_0} \ln \frac{\rho_2}{\rho_1} + C \tag{5}$$

若已知两导线间电压为 U，则

$$\varphi = \frac{U}{2\ln \dfrac{b+(h-a)}{b-(h-a)}} \ln \frac{\rho_2}{\rho_1} + \frac{U}{2} \tag{6}$$

其中

$$a^2 + b^2 = h^2$$

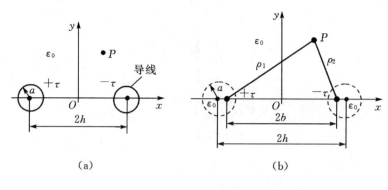

(a)   (b)

图 1.1-3　平行带电导线

在 y 轴上，$\rho_1=\rho_2$，那么，$\varphi=\dfrac{U}{2}$，即 y 轴为一等位线，电场强度仅有 x 分量，且大小为

$$E=\frac{\tau}{\pi\varepsilon_0\rho}\cos\theta=\frac{\tau}{\pi\varepsilon_0 b}\cos^2\theta=\frac{U}{b\ln\dfrac{b+(h-a)}{b-(h-a)}}\cos^2\theta \tag{7}$$

方向为 $+x$ 方向，如图 1.1-4 所示。

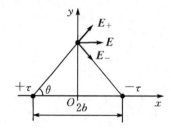

图 1.1-4　平行带电导线沿 y 轴的电场

在 x 轴上，当 $-b<x<b$ 时，$\rho_1=b+x$，$\rho_2=b-x$，则电位大小为

$$\varphi=\frac{U}{2\ln\dfrac{b+(h-a)}{b-(h-a)}}\ln\frac{b-x}{b+x}+\frac{U}{2} \tag{8}$$

电场强度大小为

$$E=\frac{U}{2\ln\dfrac{b+(h-a)}{b-(h-a)}}\left(\frac{1}{b+x}+\frac{1}{b-x}\right) \tag{9}$$

方向沿 $+x$ 方向。

④位于无限大接地平面上方的长直带电导线：位于无限大接地平面上方的长直带电导线如图 1.1-5 所示。将长直带电导线视为无限长，那么，在垂直于导线的任一横截面上，电场分布相同，且求解场域为上半平面。可利用镜像法来求解其场分布，用一镜像线电荷 $-\tau$ 来代替大地的影响，将原问题转换为求解无限大空间中两线电荷的电场问题，如图 1.1-6 所示。在上半空间，其解即为原问题的解。其求解过程与典型模型③所讨论相同。

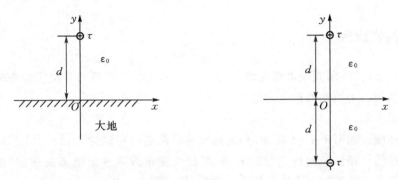

图 1.1-5 无限大接地平面上方的带电导线   图 1.1-6 镜像法图示

（5）本实验采用 GVZ-4 型导电微晶静电场描绘仪来模拟研究静电场的分布特性。描绘仪由 7～13 V 专用可调电源和描绘仪箱体组成。专用可调电源面板左上方的开关置于"校正"挡，调节右侧"电压调节"旋钮，可调节输出电压值；开关置于"测量"挡，可测量描绘仪箱体内导电微晶板上某点的电位。描绘仪箱体内设有 4 块导电微晶板，每块板上制作有 2 个电极，电极引线在箱体内部已连接至描绘仪箱体左侧的电源输入接线柱。导电微晶板由线性、均匀、各向同性且电导率远小于电极电导率的不良导电媒质制成。描绘仪箱体内共有 4 种电极模型，如图 1.1-7 所示，其中，图(a)、(b)和(c)可分别用于模拟研究上述平板电容器、同轴电缆、两平行长直带电导线的电场分布。实验中，将图(d)中的劈尖形电极改制为圆形电极，即可用于模拟研究位于无限大接地平面上方的长直带电导线的电场分布。

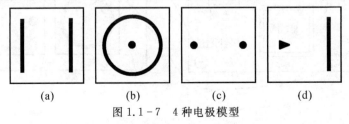

(a)   (b)   (c)   (d)

图 1.1-7 4 种电极模型

三、仪器设备

静电场描绘仪专用电源　　　1台
GVZ‐4型静电场描绘仪　　　1台
计算机　　　　　　　　　　1台

四、实验任务

（1）测量并绘制同轴电缆和两平行长直传输线电极模型的等位线分布图。根据等位线与电力线处处正交的原理，绘制相应的电力线分布图。

测量步骤：

①连线。如图1.1‐8所示，用连接线将可调电源左侧的7～13 V电压输出端连接至描绘仪箱体左侧的电源输入端；将红黑测量线连接至电源面板的"探针测量"端，黑色表笔连接至描绘仪箱体的负极（黑）端。

②打开可调专用电源开关。

③调节电源输出电压。将电源面板左上方的开关置于"校正"挡，调节右侧"电压调节"旋钮，将电压调至8 V。

④开启电源测量功能。将电源面板左上方的开关置于"测量"挡，此时电源面板上的电压值显示为0 V。

⑤测量并绘制等位线。将红色表笔放置在导电微晶板某点处，电源面板上即可显示出该点电位值，移动红色表笔找出若干电位相同的点。将等电位点记录于坐标纸上，即可绘制等位线。

⑥绘制电力线。根据电力线与等位线正交的原理，画出电力线。

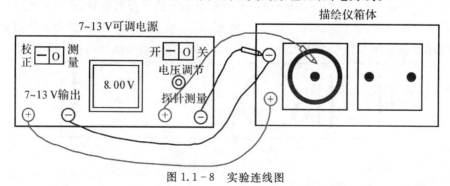

图1.1‐8　实验连线图

（2）测量不同位置处的电位值。分别选择同轴电缆和平板电容器电极模型，测量距离正电极 1 cm、2 cm 和 3 cm 处的电位值，并与解析解相比较，求相对误差，将数据分别填入表 1.1-2 和表 1.1-3 中。

表 1.1-2　同轴电缆电极模型中的电位值

与正电极距离/cm	解析解/V	测量值/V	相对误差
1			
2			
3			

表 1.1-3　平板电容器电极模型中的电位值

与正电极距离/cm	解析解/V	测量值/V	相对误差
1			
2			
3			

（3）采用 ANSYS Maxwell 2D 工程软件，分别仿真分析平板电容器电极模型和同轴电缆电极模型的电场分布情况。取两电极之间中心点处的电位值及电场强度值，并与解析解相比较，求相对误差。将数据填入表 1.1-4 中。

表 1.1-4　两种电极模型的电极间中心点处的电位及电场强度

模型名称	物理量	解析解	仿真值	相对误差
平板电容器	电　位/V			
	电场强度/(V·m^{-1})			
同轴电缆	电　位/V			
	电场强度/(V·m^{-1})			

以同轴电缆电极模型为例，采用 ANSYS Maxwell 2D 工程软件分析研究静电场问题的基本步骤如下：

①新建 Maxwell 2D 项目设计文件。

在主菜单栏中选择 Project→Insert Maxwell 2D Design。在工程管理栏中右击新建的 Maxwell2Ddesign1，选择 Solution Type。在弹出的窗口中选择 Cartesian XY（XY 平面直角坐标系）和 Electric＞Electrostatic（静电场求解器）。

②绘制同轴电缆几何模型。

步骤 1：设置绘图单位为 cm。在主菜单栏中选择 Modeler→Unit。在 Set Model Units 窗口中选择 cm。

步骤 2：绘制圆心为(0,0,0)、半径为 1 cm 的圆 Circle1。在主菜单栏中选择 Draw→Circle。在屏幕右下角的坐标输入框中输入圆心坐标(X,Y,Z)=(0,0,0)，单击 Enter 键；输入圆半径(dX,dY,dZ)=(1,0,0)，单击 Enter 键；再次单击 Enter 键，生成圆 Circle1。

步骤 3：绘制圆心为(0,0,0)，半径为 6.5 cm 的圆 Circle2。

步骤 4：绘制圆心为(0,0,0)，半径为 7.5 cm 的圆 Circle3。

③赋予材料属性。

步骤 1：赋予 Circle1 的材料为 copper(铜)。在工程树栏中右击 Circle1，选择 Assign Materials。在材料库中选择 copper，点击"确定"，完成电缆内导体材料设定。

步骤 2：赋予 Circle2 的材料为 air(空气)。

步骤 3：赋予 Circle3 的材料为 copper(铜)。

④施加电压激励和边界条件。

步骤 1：给 Circle1 施加 8 V 电压。在工程树栏中右击 Circle1，选择 Assign Excitation→Voltage。在 Voltage Excitation 窗口中输入 Value 为 8 V，点击"OK"按钮，完成电缆内导体电压加载。也可以在主菜单 Maxwell 2D 的下拉菜单中进行激励和边界条件的加载。

步骤 2：将 Circle3 的电压设为 0 V。

⑤设置网格剖分。由于模型比较简单，可直接采用默认网格剖分，不进行设置。

⑥求解计算。

步骤 1：设置求解选项。在工程管理栏中右击 Analysis，选择 Add Solution Setup。在 Solve Setup 窗口中保持默认设置不变。也可以从主菜单 Maxwell 2D 的下拉菜单进入求解选项窗口。

步骤 2：检验模型。在主菜单栏中选择 Maxwell 2D→Validation Check。

步骤 3：启动分析计算。在工程管理栏中右击 Analysis，选择 Analyze All。也可以在主菜单 Maxwell 2D 的下拉菜单中选择启动分析计算。

步骤 4：查看收敛情况。在工程管理栏中右击 Results，选择 Solution Data。在弹出窗口中点击 Convergence。

⑦后处理。

步骤 1：查看同轴电缆内电位分布。按 Ctrl+A 键，选择所有几何模型。在工程绘图区中单击鼠标右键，选择 Fields→Voltage。在 Create Field Plot 窗口中点击"Done"按钮，即可显示场域电位分布图。在工程绘图区中任意一处单击鼠标右键,选择 Copy Image,可复制绘图区域的屏幕。

步骤 2:查看同轴电缆内电场强度幅值 Mag_E 及电场强度矢量 E_Vector 分布。与步骤 1 方法类似。

步骤 3:查看两电极间中心点处的电场强度值。

i)创建点 Point1。在主菜单栏中选择 Draw→Point,输入查看点的坐标。

ii)查看点 Point1 的电场强度值。在工程管理栏中右击 Results,选择 Create Fields Report→Data Table,在弹出的窗口中选择 Context 栏 Geometry 下拉框中的 Point1,选中 Quantity 下方框中的 Mag_E,点击 New Report,即可弹出电场强度列表。也可以在主菜单 Maxwell 2D 的下拉菜单中选择 Results,进入查看场量的窗口。

五、注意事项

(1)进行实验前,应先将电极形状按比例画在坐标纸上。

(2)在实验过程中,避免使用测量表笔在导电微晶板上用力滑动,否则会损坏微晶板。

六、预习要求及思考题

(1)了解模拟法描绘静电场的理论依据。

(2)复习几种典型电极模型电场分布的理论计算方法。

(3)准备两张坐标纸,以便现场记录。

(4)电力线与等位线有何关系？ 电力线起止于何处？

(5)等位线的疏密说明了什么？ 若在实验时电源电压取不同的值,等位线的形状是否发生变化？ 电位和电场强度是否发生变化？

七、实验报告要求

(1)将所测得的等电位点用曲线板光滑连接,并根据实验所测的等位线画出电力线。

(2)根据电磁场理论对所得的场图进行分析与讨论。

(3)回答预习要求及思考题(4)、(5)。

参考文献[1,2,3,4]

1.2 部分电容的测定

一、实验目的

(1)学习冲击电流计的使用方法,掌握微电测量的基本技能。
(2)用冲击法测定多导体系统的部分电容。
(3)验证电位系数、静电感应系数以及部分电容之间的关系。
(4)用等效电容法测定多导体系统的部分电容。

二、原理与说明

1. 电位系数

在三个及三个以上带电导体构成的静电独立系统中,任意两个导体间的电压不仅受到它们自身电荷的影响,还受到其余导体上电荷的影响。因此,描述系统中导体间的电压与导体电荷关系时需要引入部分电容的概念。

本实验以三芯电缆的模拟装置作为研究对象。如图 1.2-1 所示,若外导体编号为 0 号,电缆的三根芯线导体编号为 1、2、3,且各导体所带电荷分别为 q_0、q_1、q_2 和 q_3,则必有以下电荷关系

$$q_0 + q_1 + q_2 + q_3 = 0$$

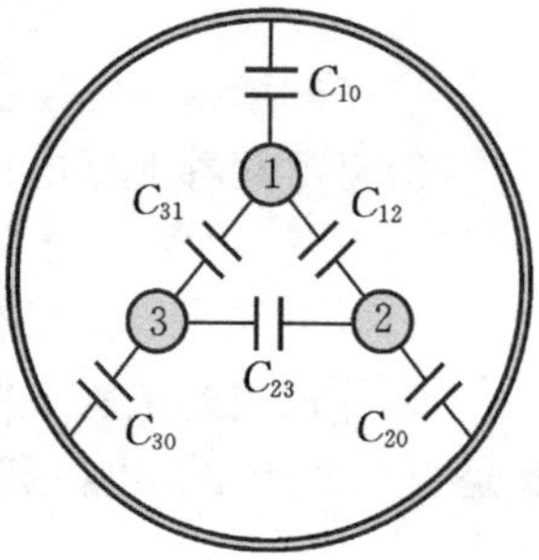

设 0 号导体电位为零,当填充在各导体之间的媒质为线性电介质时,根据叠加原理,1、2、3 号导体的电位可分别表示为

$$\begin{cases} \varphi_1 = a_{11}q_1 + a_{12}q_2 + a_{13}q_3 \\ \varphi_2 = a_{21}q_1 + a_{22}q_2 + a_{23}q_3 \\ \varphi_3 = a_{31}q_1 + a_{32}q_2 + a_{33}q_3 \end{cases} \quad (1)$$

图 1.2-1 三芯电缆模拟装置

式中,系数 $a_{ij}(i,j=1,2,3)$ 称为电位系数,其值仅与各导体的几何形状、尺寸、相互位置及电介质的性质有关。a_{ii} 称为自有电位系数;$a_{ij}(i \neq j)$ 称为互有电位系数。

由式(1)可见,自有电位系数 a_{ii} 是当第 i 号芯线导体带有单位正电荷而其余芯线导体不带电(但有感应电荷)时,第 i 号芯线导体所具有的电位;互有电位系数

a_{ij} 是第 j 号芯线导体带有单位正电荷而其余芯线导体上没有电荷时,第 i 号芯线导体具有的电位。a_{ii} 和 a_{ij} 均为正值,且电位系数具有互易性,即

$$a_{ij}=a_{ji}(i \neq j)$$

2. 静电感应系数

将式(1)对电荷求解可得

$$\begin{cases} q_1 = \dfrac{A_{11}}{\Delta}\varphi_1 + \dfrac{A_{12}}{\Delta}\varphi_2 + \dfrac{A_{13}}{\Delta}\varphi_3 \\[3mm] q_2 = \dfrac{A_{21}}{\Delta}\varphi_1 + \dfrac{A_{22}}{\Delta}\varphi_2 + \dfrac{A_{23}}{\Delta}\varphi_3 \\[3mm] q_3 = \dfrac{A_{31}}{\Delta}\varphi_1 + \dfrac{A_{32}}{\Delta}\varphi_2 + \dfrac{A_{33}}{\Delta}\varphi_3 \end{cases} \tag{2}$$

式中

$$\Delta = \begin{vmatrix} a_{11} & a_{12} & a_{13} \\ a_{21} & a_{22} & a_{23} \\ a_{31} & a_{32} & a_{33} \end{vmatrix}$$

$A_{ij}(i,j=1、2、3)$ 是 a_{ij} 的代数余因式。令

$$\beta_{ii}=\frac{A_{ii}}{\Delta}, \quad \beta_{ij}=\frac{A_{ij}}{\Delta}$$

则

$$\begin{cases} q_1 = \beta_{11}\varphi_1 + \beta_{12}\varphi_2 + \beta_{13}\varphi_3 \\ q_2 = \beta_{21}\varphi_1 + \beta_{22}\varphi_2 + \beta_{23}\varphi_3 \\ q_3 = \beta_{31}\varphi_1 + \beta_{32}\varphi_2 + \beta_{33}\varphi_3 \end{cases} \tag{3}$$

式中的系数 $\beta_{ij}(i,j=1、2、3)$ 称为静电感应系数,其值也仅与各导体的几何形状、尺寸、相互位置及电介质的性质有关。β_{ii} 称为自有感应系数,它代表第 i 号芯线导体具有单位电位而其余芯线导体电位为零(将其余芯线导体与 0 号导体相连接)时,第 i 号芯线导体所带有的电荷;$\beta_{ij}(i \neq j)$ 称为互有感应系数,它代表第 j 号芯线导体具有单位电位而其余芯线导体电位为零时,第 i 号芯线导体所带有的电荷。自有感应系数为正值,互有感应系数为负值,且 $\beta_{ij}=\beta_{ji}(i \neq j)$。

3. 部分电容

将式(3)改写如下:

$$\begin{cases} q_1 = (\beta_{11}+\beta_{12}+\beta_{13})(\varphi_1-0) - \beta_{12}(\varphi_1-\varphi_2) - \beta_{13}(\varphi_1-\varphi_3) \\ q_2 = -\beta_{21}(\varphi_2-\varphi_1) + (\beta_{21}+\beta_{22}+\beta_{23})(\varphi_2-0) - \beta_{23}(\varphi_2-\varphi_3) \\ q_3 = -\beta_{31}(\varphi_3-\varphi_1) - \beta_{32}(\varphi_3-\varphi_2) + (\beta_{31}+\beta_{32}+\beta_{33})(\varphi_3-0) \end{cases} \tag{4}$$

令

$$C_{i0} = \beta_{i1} + \beta_{i2} + \beta_{i3}, \quad C_{ij} = -\beta_{ij} \quad (i,j = 1、2、3 \text{ 且 } i \neq j)$$

则由上式可得各导体所带电荷与导体间电压的关系为

$$\begin{cases} q_1 = C_{10}U_{10} + C_{12}U_{12} + C_{13}U_{13} \\ q_2 = C_{21}U_{21} + C_{20}U_{20} + C_{23}U_{23} \\ q_3 = C_{31}U_{31} + C_{32}U_{32} + C_{30}U_{30} \end{cases} \tag{5}$$

其中,C_{i0} 称为自有部分电容,它代表所有芯线导体用导线互相连接后,在互连整体与 0 号导体间施以单位电压时,第 i 号芯线导体上所带有的电荷;C_{ij} 称为互有部分电容,它代表除第 j 号芯线导体外其余所有导体用导线互相连接后,在第 j 号导体与互连整体间施以单位电压时,第 i 号芯线导体上所带有的电荷。这些电荷可用实验方法测定。所有部分电容都为正值,且 $C_{ij} = C_{ji}(i \neq j)$,所有部分电容仅与导体的几何形状、尺寸、相互位置以及介电常数有关。

4. 等效电容

在多导体静电独立系统中,把两导体作为电容器的两个极板,设在这两个极间加上已知电压 U,极板上所带电荷分别为 $\pm q$,则把比值 $\dfrac{q}{U}$ 叫做这两个导体间的等效电容。

三、仪器设备

三芯电缆模拟装置	1 个
DQ-3 冲击电流计	1 台
直流电压表	1 块
数字多用表	1 块
开关板	3 个
直流电源	1 台

四、实验任务

1. 测定自有电位系数

(1)采用如图 1.2-2 所示的电路测定自有电位系数。图中虚线表示连接导线。K_1、K_2 为操作开关。G 为冲击电流计。

(2)测定 a_{11} 时,先将各导体同时与电源负极相连,使它们均不带电,然后,将

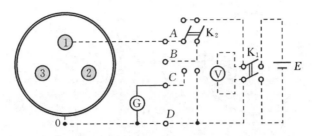

图 1.2-2 测定自有电位系数 a_{11} 的电路

导体 2 和导体 3 分别悬空,以保证 $q_2=0$,$q_3=0$,将导体 1 接至 A 端。接着,合上电源开关 K_1(以后不再断开)。将开关 K_2 合向上方,进行充电。维持电压恒定,并记录电压值 U。经过一段时间充电后,将开关 K_2 迅速合向下方,由冲击电流计测定电荷 q_1。根据 $a_{11}=\dfrac{\varphi_1}{q_1}$,得到自有电位系数 a_{11},其中,$\varphi_1=U$。

(3)测定 a_{22} 时,先使各导体均不带电,然后将图 1.2-2 电路中导体 1 和导体 3 分别悬空,将导体 2 接至 A 端,按上述操作过程,记录电压值,测量电荷 q_2。根据 $a_{22}=\dfrac{\varphi_2}{q_2}$,即得自有电位系数 a_{22},其中,$\varphi_2=U$。

(4)测定 a_{33} 时,先使各导体均不带电,然后将图 1.2-2 电路中导体 1 和导体 2 分别悬空,将导体 3 接至 A 端,按上述操作过程,记录电压值,测量电荷 q_3。根据 $a_{33}=\dfrac{\varphi_3}{q_3}$,即得自有电位系数 a_{33},其中,$\varphi_3=U$。

2. 测定互有电位系数

(1)采用如图 1.2-3 所示的电路测定互有电位系数。

(2)测定 a_{12} 和 a_{21} 时,先使各导体均不带电,然后将导体 3 悬空,将导体 1、导体 2 分别接至 A 端、B 端。在图 1.2-3(a)中,将开关 K_2 合向上方,进行充电。维持电压恒定,并记录电压值 U。经过一段时间充电后,将开关 K_2 迅速合向下方,由冲击电流计测定电荷 q_1。在图 1.2-3(b)中,重复上述操作,测定电荷 q_2。根据 $a_{12}=\dfrac{\varphi_1-a_{11}q_1}{q_2}$,$a_{21}=\dfrac{\varphi_2-a_{22}q_2}{q_1}$,即得互有电位系数 a_{12} 和 a_{21},其中,$\varphi_1=\varphi_2=U$。

(3)测定 a_{13} 和 a_{31} 时,先使各导体均不带电,然后将图 1.2-3 中的导体 2 悬空,导体 1、导体 3 分别接至 A 端、B 端,按上述操作过程,记录电压值 U,测定电荷 q_1 和电荷 q_3。根据 $a_{13}=\dfrac{\varphi_1-a_{11}q_1}{q_3}$,$a_{31}=\dfrac{\varphi_3-a_{33}q_3}{q_1}$,即得互有电位系数 a_{13} 和

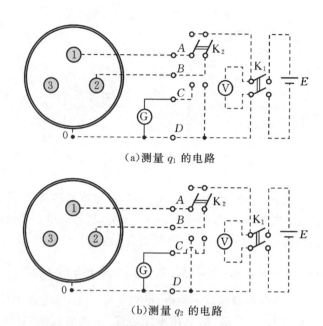

（a）测量 q_1 的电路

（b）测量 q_2 的电路

图 1.2 - 3　测定互有电位系数 a_{12} 和 a_{21} 的电路

a_{31}，其中，$\varphi_1 = \varphi_3 = U$。

（4）测定 a_{23} 和 a_{32} 时，先使各导体均不带电，然后将图 1.2 - 3 中的导体 1 悬空，导体 2、导体 3 分别接至 A 端、B 端，按上述操作过程，记录电压值 U，测定电荷 q_2 和电荷 q_3。根据 $a_{23} = \dfrac{\varphi_2 - a_{22}q_2}{q_3}$，$a_{32} = \dfrac{\varphi_3 - a_{33}q_3}{q_2}$，即得互有电位系数 a_{23} 和 a_{32}，其中，$\varphi_2 = \varphi_3 = U$。

3. 测定自有静电感应系数

（1）采用如图 1.2 - 4 所示的电路测定自有静电感应系数。

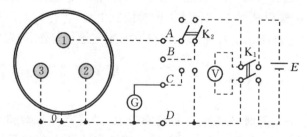

图 1.2 - 4　测定自有静电感应系数 β_{11} 的电路

(2)测定 β_{11} 时,将开关 K_2 合向上方,记录电压值 U,迅速将开关 K_2 合向下方,用冲击电流计测定电荷 q_1。根据 $\beta_{11}=\dfrac{q_1}{\varphi_1}$,即得自有静电感应系数 β_{11},其中,$\varphi_1=U$。

(3)测定 β_{22} 时,将图 1.2-4 所示电路中的导体 2 接至 A 端,导体 1 接至电源负极端,按上述操作过程,记录电压值,测量电荷 q_2。根据 $\beta_{22}=\dfrac{q_2}{\varphi_2}$,即得自有静电感应系数 β_{22},其中,$\varphi_2=U$。

(4)测定 β_{33} 时,将图 1.2-4 所示电路中的导体 3 接至 A 端,导体 1 接至电源负极端,按上述操作过程,记录电压值,测量电荷 q_3。根据 $\beta_{33}=\dfrac{q_3}{\varphi_3}$,即得自有静电感应系数 β_{33},其中,$\varphi_3=U$。

4. 测定互有静电感应系数

(1)采用如图 1.2-5 所示的电路测定互有静电感应系数。

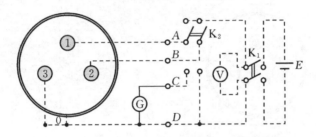

图 1.2-5　测定互有静电感应系数 β_{12} 的电路

(2)测定 β_{12} 时,将开关 K_2 合向上方,记录电压值 U,迅速将开关 K_2 合向下方,用冲击电流计测定电荷 q_1。根据 $\beta_{12}=\dfrac{q_1-\beta_{11}\varphi_1}{\varphi_2}$,得到 β_{12},其中,$\varphi_1=\varphi_2=U$。

(3)测定 β_{13} 时,将图 1.2-5 中的导体 2 接至电源负极端,导体 3 接至 B 端,按上述操作过程,记录电压值 U,测量电荷 q_1。根据 $\beta_{13}=\dfrac{q_1-\beta_{11}\varphi_1}{\varphi_3}$,得到 β_{13},其中,$\varphi_1=\varphi_3=U$。

(4)测定 β_{21} 时,将图 1.2-5 中导体 1 接至 B 端,导体 2 接至 A 端,按上述操作过程,记录电压值 U,测量电荷 q_2。根据 $\beta_{21}=\dfrac{q_2-\beta_{22}\varphi_2}{\varphi_1}$,得到 β_{21},其中,$\varphi_1=\varphi_2=U$。

(5)测定 β_{23} 时,将图 1.2-5 中导体 1 接至电源负极端,导体 2 接至 A 端,导体 3 接至 B 端,按上述操作过程,记录电压值 U,测量电荷 q_2。根据 $\beta_{23} = \dfrac{q_2 - \beta_{22}\varphi_2}{\varphi_3}$,得到 β_{23},其中,$\varphi_2 = \varphi_3 = U$。

(6)测定 β_{31} 时,将图 1.2-5 中导体 1 接至 B 端,导体 2 接至电源负极端,导体 3 接至 A 端,按上述操作过程,记录电压值 U,测量电荷 q_3。根据 $\beta_{31} = \dfrac{q_3 - \beta_{33}\varphi_3}{\varphi_1}$,得到 β_{31},其中,$\varphi_1 = \varphi_3 = U$。

(7)测定 β_{32} 时,将图 1.2-5 中导体 1 接至电源负极端,导体 3 接至 A 端,按上述操作过程,记录电压值 U,测量电荷 q_3。根据 $\beta_{32} = \dfrac{q_3 - \beta_{33}\varphi_3}{\varphi_2}$,得到 β_{32},其中,$\varphi_2 = \varphi_3 = U$。

5. 测定自有部分电容

(1)采用如图 1.2-6 所示的电路测定自有部分电容。

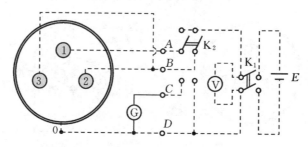

图 1.2-6　测定自有部分电容 C_{10} 的电路

(2)测定 C_{10} 时,将开关 K_2 合向上方,记录电压值 U,迅速将开关 K_2 合向下方,用冲击电流计测定电荷 q_1。根据 $C_{10} = \dfrac{q_1}{\varphi_1}$,得到自有部分电容 C_{10}。其中,$\varphi_1 = U$。

(3)测定 C_{20} 时,将图 1.2-6 中的导体 1 和导体 3 短接,并接至 B 端,导体 2 接至 A 端,重复上述操作过程,测得电荷 q_2。根据 $C_{20} = \dfrac{q_2}{\varphi_2}$,得到自有部分电容 C_{20}。其中,$\varphi_2 = U$。

(4)测定 C_{30} 时,将图 1.2-6 中的导体 1 和导体 2 短接,并接至 B 端,导体 3 接至 A 端,重复上述操作过程,测得电荷 q_3,根据 $C_{30} = \dfrac{q_3}{\varphi_3}$,得到自有部分电容 C_{30}。其中,$\varphi_3 = U$。

6. 测定互有部分电容

关于互有部分电容,因为它们与互有静电感应系数之间存在关系:$C_{ij}=-\beta_{ij}$,故无需另行测量。

7. 测定三芯电缆的自有部分电容及互有部分电容

对三芯电缆的模拟装置,使用数字多用表通过等效电容法测定各自有部分电容及互有部分电容。图1.2-7所示为三芯电缆模拟装置的电容网络。

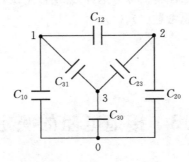

图 1.2-7　三芯电缆的电容网络

五、注意事项

(1)冲击电流计接通电源开关后,须预热 10 min 才能使用;测量前,须将"调零开关"拨向"调零",旋动调零旋钮进行调零;测量时,"调零开关"拨向"测量",仪器处于待测状态。

(2)将开关 K_2 合向下方时,动作应迅速,以免因漏电而导致较大误差。

(3)使用数字多用表测电容时,一定要在测量前对电容器进行放电,以防电容器中的残存电荷向仪表放电,使仪表损坏。

六、预习要求及思考题

(1)预习附录中有关冲击电流计的内容。

(2)复习电容和部分电容的概念及计算方法。

(3)复习等效电容的概念及计算方法。

(4)设计实验任务 7 的实验步骤。

(5)思考:能否有其它方法测得互有静电感应系数?请设计测量电路,并说明测量原理。

七、实验报告要求

(1)根据实验数据,计算三芯电缆模拟装置中的电位系数、静电感应系数以及部分电容,并验证它们之间的关系。

(2)根据测得的等效电容值,计算三芯电缆模拟装置的部分电容。

(3)比较上述两种方法测得的部分电容,说明产生误差的原因。

(4)回答预习要求及思考题(4)、(5)。

参考文献[2,5,6,7]

1.3 接地电阻的测定

一、实验目的

(1)学习运用物理模拟法测定接地电阻。

(2)研究接地电阻与接地器形状、大小及埋入深度的关系。

(3)验证规则形状接地体的接地电阻理论公式的正确性及适用范围。

二、原理与说明

1. 接地电阻

接地电阻是指电流由接地装置流入大地再经大地流向另一接地体或向远处扩散所遇到的电阻。它包括接地线电阻、接地体本身电阻、接地体与大地之间的接触电阻以及两接地体之间大地的电阻或接地体到无限远处的大地电阻。其中前三部分电阻值比最后部分电阻值要小得多,因此,接地电阻主要是指后者,即大地的电阻,其大小与接地体形状、尺寸、相对位置以及土壤的电导率有关。

对于形状规则的接地体,例如圆柱形或球形接地体,其接地电阻可以根据镜像法,采用解析公式进行求解;而对于形状不规则的接地体,其接地电阻很难用解析公式表达,这时,运用物理模拟的方法进行测量更简单易行。此外,物理模拟的方法还可用于校核理论计算结果的正确性。

运用物理模拟法测定接地电阻时,首先将实际接地体的几何尺寸按照比例缩小,用良导体制成接地体的物理模型;然后,用金属槽中的水代替土壤作为导电媒质;最后,测得水槽中接地体物理模型与金属槽壁间的电阻,通过换算即可得到实际的接地电阻。

2. 物理模拟法测定接地电阻

物理模拟法测定接地电阻的装置示意图如图 1.3 - 1 所示。实验所用的金属水槽几何尺寸远远大于接地电极的几何尺寸,这样,可忽略远离电极处场的畸变所造成的影响,认为金属槽壁能够模拟大地的无限远处。设实验用的接地体模型各个几何尺寸均缩小为实际接地体的 $\frac{1}{n}$,水槽中的水与实际土壤的电导率分别为 $\gamma_水$ 和 $\gamma_土$,接地体模型的接地电阻为 R,则实际接地体的接地电阻值 $R_土$ 可由下式求得:

$$R_土 = \frac{1}{n} \cdot \frac{\gamma_水}{\gamma_土} \cdot R \qquad (1)$$

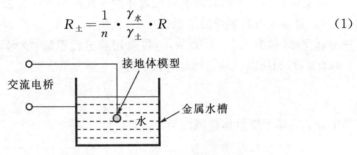

图 1.3 - 1　物理模拟法测定接地电阻的装置示意图

实验中,采用交流电桥法测定接地体模型的接地电阻 R。实验采用交流电源,而不采用直流电源,这是因为,在直流电压的作用下,由于水的电解,使电极周围吸附有带异性电荷的离子,这些离子形成一个附加电场,对测量结果带来明显的误差。

当采用交流电源时,接地体模型与金属槽壁间会存在电容,因此,利用交流电桥还可测得该电容值。

3. 测定水的电导率

水的电导率与水中含杂质的成分多少有关,需要临时测定。本实验测定水的电导率的装置示意图如图 1.3 - 2 所示。采用交流电桥法测得玻璃量杯内两电极间的电阻 $R_水$,这样,水的电导率可由下式得到:

$$\gamma_水 = \frac{L}{S} \cdot \frac{1}{R_水} \qquad (2)$$

式中,L、S 分别为水柱的高度和横截面积。

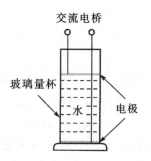

图 1.3 - 2　测定水的电导率的装置示意图

4. 验证接地体接地电阻的解析公式

本实验将对以下四种情况时接地体的接地电阻的解析公式予以验证。

(1)紧靠水面的半球形接地体模型,如图 1.3 - 3(a)所示。可利用镜像法得到一个孤立球,如图 1.3 - 3(b)所示,再应用静电比拟法,根据孤立导体球的电容 $C = 4\pi\epsilon r_{球}$,得到所求接地电阻计算公式为

$$R = \frac{1}{2\pi\gamma_{水}\ r_{球}} \tag{3}$$

其中,$r_{球}$ 为球形接地体模型的半径。

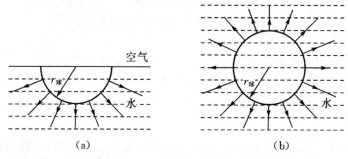

图 1.3 - 3　半球形接地体模型

(2)非深埋球形接地体模型,如图 1.3 - 4(a)所示。需要考虑水面的影响,根据镜像法,首先将原问题转换为求解无限大均匀媒质中两相联导体球的电容问题,如图 1.3 - 4(b)所示,再利用静电比拟法,得到所求接地电阻计算公式为

$$R = \frac{1}{k} \cdot \frac{1}{4\pi\gamma_{水}\ r_{球}} \tag{4}$$

其中,$k = 1 - \dfrac{1}{\alpha} + \dfrac{1}{\alpha^2 - 1} - \dfrac{1}{\alpha^3 - 2\alpha} + \dfrac{1}{\alpha^4 - 3\alpha^2 + 1} - \dfrac{1}{\alpha^5 - 4\alpha^3 + 3\alpha} + \cdots, \alpha = \dfrac{2h}{r_{球}}, h$ 为

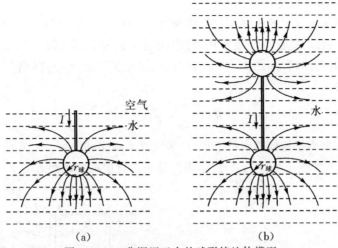

（a）　　　　　　　　　　　（b）

图 1.3-4　非深埋于水的球形接地体模型

接地体模型球心到水面的距离，$r_球$ 为球形接地体模型的半径。

特别地，与水面相切的球形接地体模型，此时，$h=r_球$，对应的接地电阻计算公式为

$$R=\frac{1}{\ln 2}\cdot\frac{1}{4\pi\gamma_水\ r_球}$$

（5）

（3）深埋入水中的球形接地体模型，如图 1.3-5 所示。可不考虑水面的影响，其接地电阻近似计算公式为

$$R=\frac{1}{4\pi\gamma_水\ r_球}$$

（6）

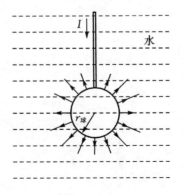

图 1.3-5　深埋于水的球形接地体模型

其中,$r_球$ 为球形接地体模型的半径。

(4)垂直埋入水中的圆柱形接地体模型,如图 1.3－6(a)所示。同样需要考虑水面的影响,因此,仍然采用镜像法,将原问题转换为求解无限大均匀媒质中孤立圆柱导体的电容问题,如图 1.3－6(b)所示,再根据静电比拟,得到其接地电阻近似计算公式:

$$R = \frac{1}{2\pi\gamma_水 L}\ln\frac{4L}{d_柱} \tag{7}$$

式中,$d_柱$ 为圆柱形接地体模型的直径,L 为它埋入水中的深度。上式适用于细长圆柱体电极,埋入深度 L 越大于圆柱体的直径 $d_柱$,近似程度越高。

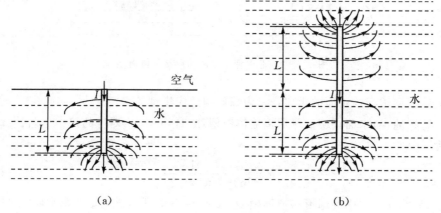

(a)   (b)

图 1.3－6   垂直埋于水的圆柱形接地体模型

三、仪器设备

金属水槽	1个
铜球	若干
铜柱	若干
圆柱形玻璃量杯	1个
卡尺	1把
低频信号发生器	1台
交流电桥	1台

四、实验任务

(1)测定玻璃量杯中水柱的几何尺寸以及电阻值,计算水的电导率。

(2)分别测量不同直径的球形接地体模型半埋于水中及深埋入水中的接地电阻值。将测量结果与理论计算值加以比较。

(3)分别测量圆柱形接地体模型在不同埋入深度下的接地电阻值。将测量结果与理论计算值加以比较。

五、注意事项

(1)实验前应检查接地体模型表面是否洁净,以保证其与水接触良好。

(2)测试电流不宜过大,以免引起水质变化。

(3)由于杂质及温度对水的电导率影响很大,因此,测量电导率所用的水应取自金属水槽。

(4)接地体模型应尽量置于金属水槽的中心位置处。

六、预习要求及思考题

(1)预习附录中有关数字电桥的内容。

(2)复习接地电阻的概念及计算方法。

(3)复习球形及圆柱形等规则形状接地体的接地电阻理论计算公式。

(4)思考:若要模拟测量接地体周围的电位分布,试设计出实验方案。

七、实验报告要求

(1)记录实验数据。

(2)根据理论计算公式计算各种情况下接地体模型的接地电阻值,并分别与测量值进行比较分析,说明理论计算值与实验值出现差异的原因。

(3)对圆柱形接地体模型实验,要求绘制出接地电阻 R 与埋入深度 L 之间的实验曲线与理论计算值的曲线;比较两条曲线,当 L 远大于 $d_柱$ 时两者是否相近。

(4)回答预习要求及思考题(4)。

参考文献[2,7,8,9]

1.4　霍尔效应的研究

（1）了解霍尔元件的性能，学习用"对称测量法"消除副效应的影响，测量霍尔片的 U_H - I_S 曲线。

（2）测量蹄形电磁铁的磁场分布 B - X 曲线和 B - Y 曲线。

（3）测量蹄形电磁铁的励磁特性 B - I_M 曲线。

（4）测量电磁铁的铁芯磁导率 μ_r。

1. 用霍尔效应原理测量磁场

将一个长度为 L，宽度为 W，厚度为 d 的矩形半导体霍尔薄片垂直放置于磁感应强度为 $\boldsymbol{B}$ 的磁场中，如图 1.4-1 所示，磁感应强度 $\boldsymbol{B}$ 沿 y 轴方向。若一电流 I_S 从端子 1 流入，并沿 x 方向通过霍尔薄片，从端子 1' 流出，那么，在霍尔薄片的端子 2-2' 间将呈现一电压 U_H，这一现象称为霍尔效应。其中，电流 I_S 称为工作电流，电压 U_H 称为霍尔电压。

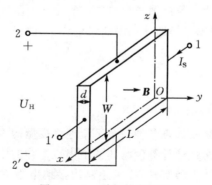

图 1.4-1　霍尔效应原理

实验表明，霍尔电压 U_H 与磁感应强度大小 B 以及工作电流强度 I_S 成正比，即

$$U_H = R_H \frac{I_s B}{d} = K_H I_s B \tag{1}$$

式中，R_H 称为霍尔系数，它表示该材料产生霍尔效应的能力；$K_H = \dfrac{R_H}{d}$ 称为霍尔元件的灵敏度，它表示霍尔薄片在单位磁感应强度和单位工作电流强度下的霍尔电压大小，其值与霍尔薄片材料的性质以及薄片的尺寸有关，其单位为 $mV/(mA \cdot T)$。对给定的半导体霍尔薄片，其 K_H 值是一常数，可用实验方法测定。

霍尔薄片的厚度 d 应尽可能小（通常约为 0.2 mm），以使灵敏度 K_H 尽可能大。本实验中，霍尔元件的 $K_H = 19$。

从霍尔效应的机理可以知道，在图 1.4-1 中"1-1'"端与"2-2'"端的功能可以互换，即从"2-2'"端接入工作电流 I_s，从"1-1'"端测出 U_H。

根据式(1)，已知霍尔薄片的工作电流 I_s，通过测量霍尔电压 U_H 即可测得磁感应强度 B 的大小，根据这一原理制成的仪器有毫特斯拉计和高斯计等。

由于霍尔效应的建立历时极短（大约 $10^{-12} \sim 10^{-14}$ s），因此，霍尔元件也可以通入交变的工作电流 $i_s = I_s \sin\omega t$（频率在 10^{10} Hz 以下），产生交变的霍尔电压

$$u_H = K_H B I_s \sin\omega t \tag{2}$$

需要注意的是，霍尔薄片对温度较为敏感，当温度比较高时容易损坏。

2. 霍尔元件副效应的影响及其消除方法

实际上，在产生霍尔电压 U_H 的同时，还伴随产生四种副效应。副效应产生的电压叠加在霍尔电压上，造成系统误差。因此，在测量时，需要根据副效应产生的机理予以消除。

1）额廷格森效应

在构成霍尔薄片的半导体材料中，由于载流子速度不同，在磁场作用下，会导致霍尔薄片的一端较另一端有更多的能量，从而形成一个温度梯度，产生温差效应，并在霍尔薄片两端产生电势差 U_E。U_E 的方向决定于电流 I_s 和磁感应强度 B 二者的方向，可以判断，U_E 的方向始终与 U_H 相同。

2）能斯脱效应

由于电流引线端 1 和 1' 处的接触电阻不完全相等，通电发热程度不同，从而在 1 和 1' 端出现热扩散电流，在磁场作用下，在霍尔薄片两端 2 和 2' 间产生电势差 U_N，其方向与 I_s 方向无关，只与磁感应强度 B 方向有关。

3）里纪-勒杜克效应

能斯脱效应的热扩散电流的载流子速度不相等，也会产生附加电势差，记为 U_{RL}，其方向与 I_s 方向无关，只与磁感应强度 B 方向有关。

4）不等势电压降 U_0

由于霍尔薄片材料本身的不均匀性，以及电压引线端 2 和 2′ 在制作时不可能完全对称地焊接在霍尔薄片两侧，从而导致 2 和 2′ 实际上不可能在同一等势面上，所产生的电压 U_0，其方向只随 I_S 方向改变而改变，而与磁感应强度 B 方向无关。

根据以上副效应产生的机理，除额廷格森效应所产生的附加电势差以外，其余附加电势均可采用对称法（换向法）消去。即：在操作时，分别改变 I_S 的方向和 B 的方向，记录四组电势差的数据：

取 I_S 为正方向，B 为正方向，测得的电热差记为 U_1，则有

$$U_1 = U_H + U_E + U_N + U_{RL} + U_0 \tag{3}$$

取 I_S 为负方向，B 为正方向，测得的电热差记为 U_2，则有

$$U_2 = -U_H - U_E + U_N + U_{RL} - U_0 \tag{4}$$

取 I_S 为负方向，B 为负方向，测得的电热差记为 U_3，则有

$$U_3 = U_H + U_E - U_N - U_{RL} - U_0 \tag{5}$$

取 I_S 为正方向，B 为负方向，测得的电热差记为 U_4，则有

$$U_4 = -U_H - U_E - U_N - U_{RL} + U_0 \tag{6}$$

由上述式（3）、（4）、（5）和（6），可得

$$U_H + U_E = \frac{(U_1 - U_2 + U_3 - U_4)}{4} \tag{7}$$

由于 U_E 的方向始终与 U_H 相同，所以换向法不能消除它，不过，一般有 $U_E \ll U_H$，故 U_E 可忽略不计，于是得到

$$U_H = \frac{(U_1 - U_2 + U_3 - U_4)}{4} \tag{8}$$

3. 用霍尔薄片测量磁感应强度 B

由于霍尔薄片的尺寸很小，可近似当作是一个几何点。因此，可获得一种测量任何磁场中磁感应强度 B 在空间中逐点分布的工具。利用式（1）或式（2），在霍尔薄片灵敏度 K_H 已知的前提下，逐点测量 U_H 和 I_S，即可算出对应点处的 B 值。

4. 测量电磁铁铁芯相对磁导率 μ_r 的原理

测量电磁铁铁芯相对磁导率 μ_r 的原理示意图如图 1.4 - 2 所示。

设电磁铁铁芯磁路长度为 l_{fe}，气隙磁路长度为 l_0，励磁线圈匝数为 N，励磁电流为 I_M，根据安培环路定律，有

$$\oint_l \boldsymbol{H} \cdot \mathrm{d}\boldsymbol{l} = NI_M \tag{9}$$

$$H_{fe}l_{fe} + H_0 l_0 = NI_M \tag{10}$$

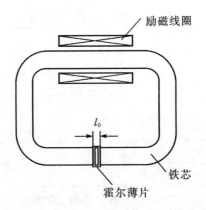

图 1.4 - 2　测量电磁铁铁芯相对磁导率 μ_r 的原理示意图

$$\frac{B}{\mu_0\mu_r}l_{fe} + \frac{B}{\mu_0}l_0 = NI_M \tag{11}$$

$$\mu_r = \frac{Bl_{fe}}{\mu_0 NI_M - Bl_0} \tag{12}$$

式中，μ_0 为真空的磁导率，其值为 $4\pi\times10^{-7}$ H/m。H_{fe} 和 H_0 分别为铁芯磁路和气隙磁路中的磁场强度。

三、仪器设备

HL - Ⅳ 型霍尔效应实验仪　　　1 台
TH - Ⅰ 型霍尔磁场测试仪　　　1 台

四、实验任务

(1)连接电路。分别将 TH - Ⅰ 型霍尔磁场测试仪的"I_M"输出端和"I_S"输出端接至 HL - Ⅳ 型霍尔效应实验仪的"励磁电流"端和"工作电流"端；将 HL - Ⅳ 型霍尔效应实验仪的"霍尔电压"端接至 TH - Ⅰ 型霍尔磁场测试仪的"V_H"输入端。

(2)将霍尔薄片置于电磁铁铁芯气隙中心处，将励磁电流 I_M 调至 0.6 A 后固定不变，改变工作电流 I_S，测量不同工作电流时的霍尔电压 U_H，记录数据，并填入表 1.4 - 1 中，绘制 U_H - I_S 曲线。(I_S 可取 0、3、6、9、12 mA 五个值。)

表 1.4 - 1 U_H - I_S 数据记录表

I_M/A					
I_S/mA					
$(+I_S, +B)U_1$/mV					
$(-I_S, +B)U_2$/mV					
$(-I_S, -B)U_3$/mV					
$(+I_S, -B)U_4$/mV					
U_H/mV					

（3）将霍尔薄片置于电磁铁铁芯气隙中心处,将霍尔薄片的工作电流 I_S 调至 10 mA 后固定不变,改变励磁电流 I_M,测量不同励磁电流时的磁感应强度 B 值,记录数据,并填入表 1.4 - 2 中,绘制励磁特性 B - I_M 曲线。（I_M 可取 0、0.2、0.4、0.6、0.8 A 五个值。）

表 1.4 - 2 B - I_M 数据记录表

I_S/mA					
I_M/A					
$(+I_S, +B)U_1$/mV					
$(-I_S, +B)U_2$/mV					
$(-I_S, -B)U_3$/mV					
$(+I_S, -B)U_4$/mV					
U_H/mV					
B/T					

（4）选铁芯气隙中心为坐标原点,采用直角坐标系,如图 1.4 - 3 所示,将霍尔片从坐标原点出发,沿 X 轴方向移动,测量不同 X 位置点处的磁感应强度 B 值,记录数据,并填入表 1.4 - 3 中,绘制 B - X 曲线（I_S 固定,I_M 固定）。

（5）将霍尔片从坐标原点出发,沿 Y 轴方向移动,测量不同 Y 位置点处的磁感应强度 B 值,记录数据,并填入表 1.4 - 4 中,绘制 B - Y 曲线（I_S 固定,I_M 固定）。

（6）已知电磁铁励磁线圈匝数 N = 1500 匝,测量电磁铁铁芯平均长度 l_{fe} 和气隙高度 l_0,根据上述 4 或 5 所测量数据,计算给定 I_M 时铁芯气隙处 B 的平均值,再根据式（12）计算铁芯的 μ_r 值。

（7）用毫特斯拉计测出 B,校正霍尔薄片的灵敏度 K_H。

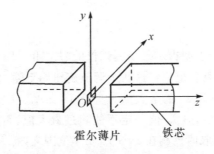

霍尔薄片　　　铁芯

图 1.4-3　置于直角坐标系中的电磁铁局部示意图

表 1.4-3　$B-x$ 数据记录表

I_S/mA							
I_M/A							
x/mm							
$(+I_S,+B)U_1/\text{mV}$							
$(-I_S,+B)U_2/\text{mV}$							
$(-I_S,-B)U_3/\text{mV}$							
$(+I_S,-B)U_4/\text{mV}$							
U_H/mV							
B/T							

表 1.4-4　$B-y$ 数据记录表

I_S/mA							
I_M/A							
y/mm							
$(+I_S,+B)U_1/\text{mV}$							
$(-I_S,+B)U_2/\text{mV}$							
$(-I_S,-B)U_3/\text{mV}$							
$(+I_S,-B)U_4/\text{mV}$							
U_H/mV							
B/T							

五、注意事项

(1)实验前,将 TH-I 型霍尔磁场测试仪的"I_M"和"I_S"调节旋钮分别调至输出电流最小处。实验结束后也应将这两个调节旋钮调至输出电流最小处。

(2)霍尔薄片工作电流 I_S 的最大值为直流 15 mA。实验中,若 I_S 取值大些,则副效应的影响将会较小,但 I_S 值一定不能超过最大值,否则,将会烧毁霍尔片,因此,在直流情况下,I_S 取值控制在 10~12 mA 范围之内。

(3)电磁铁的励磁电流 I_M 的最大值为直流 1 A,为避免过热,I_M 的取值范围一般应在 0.8 A 以下。

(4)图 1.4-4 为 HL-IV 型霍尔效应实验仪上换向开关内部连接示意图。换向开关的 1、6 端子相连,2、5 端子相连。换向开关小闸刀竖起,开关呈断开状态;换向开关小闸刀向上闭合,端子 3 与端子 1、6 接通,端子 4 与端子 2、5 接通;换向开关小闸刀向下闭合,端子 3 与端子 5、2 接通,端子 4 与端子 6、1 接通。

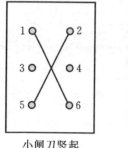 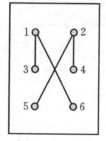 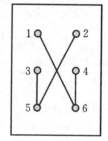

小闸刀竖起　　　　　　小闸刀向上闭合　　　　　　小闸刀向下闭合

图 1.4-4　换向开关内部连接示意图

(5)在 HL-IV 型霍尔效应实验仪上,换向开关向上闭合,I_M、I_S 取正值;反之,I_M、I_S 取负值。

六、预习要求与思考题

(1)预习霍尔效应的相关知识。

(2)复习恒定磁场的内容。

(3)复习磁路计算方法。

七、实验报告要求

(1)对实验中测量的数据进行处理,画出图形。
(2)校正霍尔片的灵敏度 K_H 值。
(3)分析本实验中的主要误差来源。
(4)归纳总结霍尔效应原理在实际测量中的应用。

参考文献[1,7,10]

1.5 螺线管线圈磁场的研究

一、实验目的

(1)研究螺线管线圈轴线上磁场的分布,并观察铁磁物质对磁场分布的影响。
(2)学习用霍尔效应法和磁感应法测量磁场的方法。

二、原理与说明

1. 空芯螺线管

长度为 L,半径为 R,匝数为 N 的单层密绕空芯螺线管线圈如图 1.5-1 所

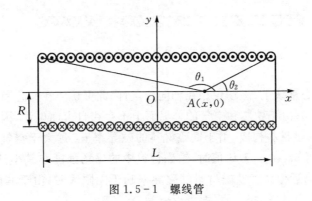

图 1.5-1 螺线管

示。当螺线管线圈通以电流 I 时,螺线管线圈轴线上任一点 A 处的磁感应场强度 H 表达式为

$$H = \frac{1}{2} I \frac{N}{L}(\cos\theta_2 - \cos\theta_1) \tag{1}$$

式中,

$$\cos\theta_1 = -\frac{L/2+x}{\sqrt{R^2+(L/2+x)^2}}$$

$$\cos\theta_2 = \frac{L/2-x}{\sqrt{R^2+(L/2-x)^2}}$$

2. 放入铁芯的螺线管

当通电螺线管线圈中放入铁芯时,如图 1.5-2 所示,铁芯将被磁化,铁芯中会出现磁化电流,此时,螺线管线圈内的磁场为螺线管线圈电流产生的磁场和铁芯磁化电流所产生的附加磁场的叠加。图中的铁芯沿中心轴线开有非常小的圆孔,便于测量中心轴线上的磁场分布。

(1)在通电螺线管线圈的内部,由于铁芯内的小孔半径非常小,可认为在垂直于螺线管线圈中心轴线的任一圆截面上其磁场分布是均匀的,因此就可用圆心处的磁场来代替该圆截面上任一点的磁场,这样,中心轴线上任一点 A 处的磁场可近似等于该截面上铁芯和空气分界面 A' 点处的磁场。

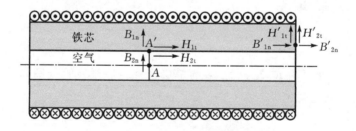

图 1.5-2 放入铁芯的螺线管

由于在中心轴线上,磁场仅存在轴向分量,因此可认为在铁芯和空气的分界面上,$B_{1n} = B_{2n} = 0$;由于铁芯和空气的分界面上不存在自由面电流,因此又有 $H_{1t} = H_{2t}$。铁芯由铁磁材料构成,由于铁磁材料的磁导率 μ_{fe} 远大于空气的磁导率 μ_0,根据 $B = \mu H$ 可知,在一定 B 值时,铁磁材料中的磁场强度非常小,即上述铁芯中 H_{1t} 非常小。当近似认为铁磁材料的磁导率趋于无限大时,由于其磁感应强度是有限值,因而铁磁材料的磁场强度可近似为趋于零。

（2）在通电螺线管线圈的端部，铁芯与空气的分界面近似为等磁位面，因此 $H'_{1t} = H'_{2t} = 0$。由于在分界面的铁芯一侧磁感应强度较大，根据 $B'_{1n} = B'_{2n}$ 以及 $B'_{2n} = \mu_0 H'_{2n}$ 可知，分界面的另一侧，即空气侧的磁感应强度也较大，而磁场强度更远大于铁芯一侧的磁场强度值（因为 μ_{fe} 远大于 μ_0）。当测试点逐渐远离分界面时，磁感应强度及磁场强度将逐渐减小。

3. 用毫特斯拉计测量磁场

毫特斯拉计为基于霍尔效应原理制成的测量磁场的仪器。

采用毫特斯拉计测量正弦变化的磁场时，其指示值为磁感应强度的平均值 B_{av}，由于正弦变化的磁场有效值 $B = 1.11 B_{av}$，因此对应的磁场强度有效值为

$$H = \frac{B}{\mu_0} = \frac{1.11}{\mu_0} B_{av} \tag{2}$$

式中，$\mu_0 = 4\pi \times 10^{-7}$ H/m 为真空的磁导率。

注意霍尔探头中的霍尔薄片对温度较为敏感，当温度比较高时容易损坏。

4. 用磁感应法测量磁场

若在正弦磁场中放置一个小测试线圈，如图 1.5-3 所示，则线圈感应电压的有效值为

$$U = 2\pi f N \phi \tag{3}$$

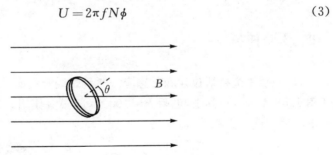

图 1.5-3　小测试线圈置于磁场中

式中，f 为正弦磁场的频率，N 为小测试线圈的匝数，ϕ 为小测试线圈所匝联的磁通有效值。

由于小测试线圈几何尺寸非常小，可近似认为测试线圈内的磁场是均匀的，因此

$$\phi = BS\cos\theta = \mu_0 HS\cos\theta \tag{4}$$

式中，S 为测试线圈的等效面积，θ 为小测试线圈中心轴线与磁力线的夹角。小测试线圈中心轴线与磁力线平行，即 $\theta = 0$，那么

$$\phi = BS = \mu_0 HS \tag{5}$$

这样,由式(3)和(5)可得

$$H = \frac{U}{2\pi f \mu_0 SN} \tag{6}$$

可见,磁场强度与小测试线圈的感应电压(有效值)成正比关系。利用这一原理,将小测试线圈放置于磁场中,使测试线圈中心轴线与磁力线平行,那么,用交流毫伏表测量小测试线圈的感应电压,即可测得磁场强度的大小。在本实验中,$f=50$ Hz,$S=0.18$ cm^2,$N=500$ 匝。

三、仪器设备

螺线管线圈(附木芯和铁芯)	1 套
调压器 110~220/0~250 V,1 kV·A	1 台
交流电流表 0.5/1 A	1 块
交流毫伏表 SM2030A	1 块
CH-1500 高斯/特斯拉计	1 台
测试线圈探棒	1 根
计算机	1 台

四、实验任务

(1)分别用毫特斯拉计和磁感应法测量螺线管线圈轴线上的磁场,电路接线图如图 1.5-4 所示。其中,电阻 $R=100$ Ω,起限流作用。改变调压器的输出电压,使电流表的读数为 0.5 A。

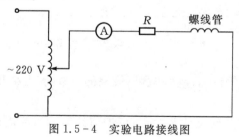

图 1.5-4　实验电路接线图

①在螺线管线圈中放入木芯,将毫特斯拉计的探棒插入木芯中,并沿螺线管线圈中心轴线移动,每移动 1 cm 记录一次 B_{av}。

②用磁感应法重复上述过程,记录感应电压 U。

③在螺线管线圈中放入中心开有小圆孔的铁芯,调节调压器输出电压,使电流表仍

维持在 0.5 A,用磁感应法测量螺线管中心轴线上的磁场。注意,根据磁场的分布情况,在铁芯中部测量点应取得相对少些,而在铁芯端部附近可每移动 0.5 cm 测量一点。

(2)用 ANSYS Maxwell 2D 工程分析软件,分别求解空芯及铁芯螺线管线圈磁场强度的分布情况,并提取中心轴线上的磁场强度值与测量值进行比较。螺线管线圈参数:匝数 $N = 1860$ 匝,内径 $d_1 = 5.4$ cm,外径 $d_2 = 6.2$ cm,长度 $l = 23$ cm。

采用 ANSYS Maxwell 2D 软件仿真螺线管线圈磁场分布的基本步骤如下:

①新建 Maxwell 2D 项目设计文件。

坐标系选为 Cylindrical about Z(以 Z 轴为中心轴的圆柱坐标系),求解器选为 Magnetic>Eddy Current(涡流场)。

② 绘制几何模型。

步骤 1:设置绘图单位为 cm。

步骤 2:绘制一个矩形作为螺线管线圈模型 Rectangle1。在主菜单栏中选择 Draw → Rectangle,输入起始顶点坐标(X,Y,Z)=(_____,_____,_____),输入对角顶点坐标(与起始顶点的相对坐标)(dX,dY,dZ)=(_____,_____,_____)。也可以选择输入对角顶点的绝对坐标。

步骤 3:绘制求解域 Region。在主菜单栏中选择 Draw→Region,在弹出窗口中选择 Pad all directions similarly,输入 Percentage Offset 值为 100。

③赋予材料属性。

步骤 1:设置 Rectangle1 的材料为 copper(铜)。

步骤 2:设置 Region 的材料为 air(空气)。

④施加电流激励和边界条件。

步骤 1:给螺线管线圈 Rectangle1 加载激励。在工程树栏中右击 Rectangle1,选择 Assign Excitation→Current。在 Current Excitation 窗口中输入电流 Value:_____A,Phase:0 deg,Type:Strand(实体绞线),Ref. Direction:Positive。

注意:导体类型 Solid 表示只有 1 匝,可以考虑导体的集肤效应。Stranded 为多匝绞线,忽略了导线内部的涡流效应。

步骤 2:设置边界条件。在主菜单栏中选择 Edit→Selection Mode→Edges,按住 Ctrl 键,点击鼠标左键,依次选中 Region 的上、下和右边界。单击鼠标右键,选择 Assign Boundary→Balloon,在 Balloon Boundary 窗口中单击 OK。

注意:在求解开域场问题时,Region 边界条件常设定为 Balloon 边界。

步骤 3:给螺线管线圈施加涡流效应。在工程树栏中右击 Rectangle1,选择 Assign Excitation→ Set Eddy Effects。在 Set Eddy Effect 窗口中勾选 Rectangle1 的 Eddy Effect 复选框。

第 1 章 电磁场基础实验

⑤设置求解电感矩阵参数。

步骤 1：在工程管理栏中右击 Parameters，选择 Assign Matrix。在 Matrix 窗口的 Setup 选项卡下，勾选 Current1：√，用于电感矩阵计算，在 Post Processing 选项卡下，设置 Current1 的匝数 Turns：_____。

⑥设置网格剖分。由于模型比较简单，直接采用默认网格剖分，不进行设置。

⑦求解计算。

步骤 1：设置求解选项。在工程管理栏中右击 Analysis，选择 Add Solution Setup。在 Solve Setup 窗口中，将 General 选项卡下各项保持默认设置，将 Solver 选项卡下的 Adaptive Frequency 设为 50 Hz。

步骤 2：检验模型。

步骤 3：启动分析计算。

⑧后处理。

步骤 1：查看螺线管线圈的电感参数。在工程管理栏中右击 Results→Solution Data。在 Solutions 窗口中单击 Matrix 选项卡，在 Type 栏选择"R，L"，勾选 PostProcessed：√，选择 Inductance Units 为 mH，记录电感值：_____ mH。

步骤 2：查看求解域磁感应强度分布云图。按下 Ctrl＋A 选中所有几何模型。单击鼠标右键，选择 Fields→B→Mag_B。在 Create Field plot 窗口中 Quantity 下方框中，选 Mag B，单击 Done。

步骤 3：查看沿螺线管中心轴线的磁场强度 H。

i) 创建中心轴线 Polyline1。在主菜单栏中选择 Draw → Line，弹出是否创建非模型对象，选择"是（Y）"。在屏幕右下角的坐标输入框中输入直线起点坐标，$(X，Y，Z)=($_____，_____，_____$)$，单击 Enter 键，输入直线终端坐标，$(X，Y，Z)=($_____，_____，_____$)$，单击 Enter 键确定，再次单击 Enter 键。

ii) 查看沿线 Polyline1 的磁场强度 H。在工程树栏中选中 Polyline1，右击 Results，选择 Create Fields Report → Rectangular Plot。在 Report 窗口中选 Context 栏 Geometry 下拉框中的 Polyline1，在 Quantity 下方框中选 Mag_H，单击"New Report"，即可显示沿线 Polyline1 的磁场强度变化曲线。

五、注意事项

（1）自拟表格，记录螺线管线圈轴线上的磁感应强度和感应电压，并计算磁场强度；

（2）在实验过程中，螺线管线圈中的电流应保持 0.5 A 不变；

（3）螺线管中放入铁芯后，由于涡流热效应，螺线管内部温度较高，因此不能用毫特斯拉计测量其中的磁场；

(4)采用 ANSYS Maxwell 2D 软件仿真螺线管磁场分布时,电源频率设定为50 Hz。

六、预习要求及思考题

(1)推导通电螺线管中心轴线上的磁场强度表达式。

(2)螺线管中放入木芯对磁场的测量有无影响?

(3)应用电磁场理论,分析螺线管中放入中空铁芯时磁场强度 H 的分布情况。

(4)若电压不变,在螺线管中插入铁芯后,电流变大还是变小?

七、实验报告要求

(1)根据实验数据,分别绘制木芯螺线管和铁芯螺线管中心轴线上磁场强度 H 的实验曲线。

(2)对木芯螺线管线圈,将实验数据与式(1)计算出的理论值以及 ANSYS Maxwell 2D 软件数值解进行比较,并分析产生误差的主要原因。

(3)对铁芯螺线管线圈,将实验数据与 ANSYS Maxwell 2D 软件数值解进行比较。

(4)回答预习要求及思考题。

参考文献[1, 7, 10]

1.6　两线圈互感的测定

一、实验目的

(1)研究两个圆形线圈的互感及影响互感大小的主要因素。

(2)学习三种测量互感的方法。

二、原理与说明

1. 互感

互感是两个闭合回路间的一个重要的电路参量。如果两个回路分别由 N_1、N_2 匝导线密绕而成,设导线及周围媒质的磁导率为 μ_0,则两个回路间的互感 M 可根据聂以曼公式求得

$$M = \frac{N_1 N_2 \mu_0}{4\pi} \oint_{l_2} \oint_{l_1} \frac{\mathrm{d}\boldsymbol{l}_1 \cdot \mathrm{d}\boldsymbol{l}_2}{r} \tag{1}$$

式中,l_1、l_2 分别表示两闭合回路一匝的长度(取平均值),r 表示线元 $\mathrm{d}l_1$ 与 $\mathrm{d}l_2$ 间的距离。

两回路间的互感大小与回路本身的几何形状和尺寸、回路的相对位置以及周围的媒质特性有关。

若两个共轴的圆形线圈,其平行平面间距离为 x,如图 1.6-1(a)所示,那么,由式(1)可推得此时两线圈间的互感 M 为

$$M = \frac{N_1 N_2 \mu_0 R_1 R_2}{2} \int_0^{2\pi} \frac{\cos\phi \, \mathrm{d}\phi}{(R_1^2 + R_2^2 - 2R_1 R_2 \cos\phi + x^2)^{1/2}} \tag{2}$$

其中,R_1、R_2 分别为线圈 1 与线圈 2 的平均半径。

若两个圆形线圈平面间距仍为 x,但两线圈轴线间有一夹角 θ 时,如图 1.6.1(b)所示,那么,两线圈之间的互感 M 则应在式(2)的右边项中乘以 $\cos\theta$。当 $\theta=0$ 时,互感 M 值最大;$\theta=\pi/2$ 时,互感 M 值为零。

若两个圆形线圈回路的平面平行,但不共轴,两线圈间距仍为 x,两线圈轴线间距为 d,如图 1.6-1(c)所示,那么,两线圈之间的互感 M 可由下式求得:

$$M = \frac{N_1 N_2 \mu_0 R_1 R_2}{4\pi} \cdot$$

$$\int_0^{2\pi} \int_0^{2\pi} \frac{\cos(\phi_2 - \phi_1)\mathrm{d}\phi_1 \mathrm{d}\phi_2}{[d^2 + x^2 + R_1^2 + R_2^2 - 2R_1 R_2 \cos(\phi_2 - \phi_1) + 2d(R_2 \sin\phi_2 - R_1 \sin\phi_1)]^{1/2}} \tag{3}$$

2. 测定互感方法

(1)感应法:感应法测定两个圆形线圈互感的电路如图 1.6-2 所示,其中,电阻 R 为限流电阻。设线圈 1 中通入工频正弦电流,其有效值为 I_1,采用相量法,则线圈 2 两端电压为

$$\dot{U}_2 = \mathrm{j}\omega M \dot{I}_1 + \dot{I}_2 (R_2 + \mathrm{j}\omega L_2) \tag{4}$$

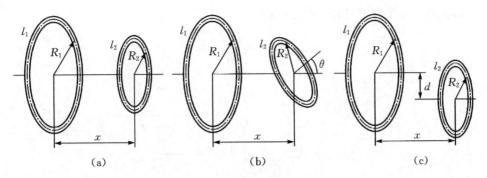

图 1.6 - 1　两圆形线圈回路

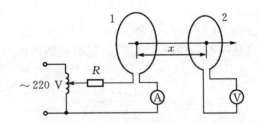

图 1.6 - 2　感应法测定两圆形线圈互感的电路

式中, ω 为电源角频率, L_2 为线圈 2 自感, M 为线圈 1 和线圈 2 之间的互感, R_2 为线圈 2 回路中电阻, $\dot{I}_2$ 为线圈 2 回路中电流。由于电压表的内阻足够大,线圈 2 回路中电流近似为零,即 $\dot{I}_2 \approx 0$,这样,由式(4)得

$$M = \frac{U_2}{\omega I_1} \tag{5}$$

(2)串联等效电感法:当将两个电感线圈顺接串联连接时,其等效电感为

$$L' = L_1 + L_2 + 2M \tag{6}$$

当将两个电感线圈反接串联连接时,其等效电感为

$$L'' = L_1 + L_2 - 2M \tag{7}$$

由式(6)和(7)可得

$$M = \frac{L' - L''}{4} \tag{8}$$

由上述可见,通过测量两线圈顺接串联和反接串联的等效电感即可求得两线圈之间的互感。

测量串联等效电感的电路如图 1.6 - 3 所示。设电压表读数为 U,电流表读数

为 I,瓦特表读数为 P,则等效电感值为

$$L_{eq} = \frac{\sqrt{(UI)^2 - P^2}}{\omega I^2} \qquad (9)$$

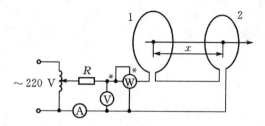

图 1.6-3　串联等效电感法测定互感的电路

(3)并联等效电感法:在图 1.6-3 所示的电路中,在已知 L_1、L_2 电感值的情况下,将两线圈的串联连接改为同侧并联连接,忽略线圈的电阻,则并联电路的等效电感为

$$L' = \frac{(L_1 L_2 - M^2)}{L_1 + L_2 - 2M} \qquad (10)$$

若两线圈为异侧并联连接,则并联电路的等效电感为

$$L'' = \frac{(L_1 L_2 - M^2)}{L_1 + L_2 + 2M} \qquad (11)$$

由式(10)和(11)可得

$$M = \frac{(L_1 + L_2)(L' - L'')}{2(L' + L'')} \qquad (12)$$

三、仪器设备

单相调压器 220/0~250 V,1 kV·A	1 台
交流电压表 150/300/600 V	1 块
交流电流表 0.5/1 A	1 块
低功率因数功率表 0.5/1 A,75/150/300 V,$\lambda = 0.2$	1 块
电感线圈 0.39 H 或 0.40 H(有一定内阻)	2 个
信号发生器	1 台

四、实验任务

(1)将两个线圈的平面平行且共轴放置,按图 1.6-2 接好实验电路,调节调压

器使电流表指示 $I_1=0.5$ A,改变线圈间的相对位置,测出不同 x 处感应电压的有效值 U_2,填入表 1.6-1 中,计算出互感 M_1 的值。

(2)将两个线圈的平面平行且共轴放置,按图 1.6-3 接好实验电路,调节调压器使电流表指示 $I=0.5$ A,改变线圈间的相对位置,测出不同 x 处,串联等效电感 $L'_串$ 与 $L''_串$ 的有效值,填入表 1.6-1 中,计算出互感 M_2 的值。

(3)将两个线圈的平面平行且共轴放置,接成并联模式,利用图 1.6-3 的实验电路,调节调压器使电流表指示 $I=0.5$ A,改变线圈间的相对位置,测出不同 x 处,并联等效电感 $L'_并$ 与 $L''_并$ 的有效值,填入表 1.6-1 中,计算出互感 M_3 的值。

表 1.6-1　$M-x$ 数据记录表

x/cm							
U_2/V							
M_1/H							
$L'_串/\text{H}$							
$L''_串/\text{H}$							
M_2/H							
$L'_并/\text{H}$							
$L''_并/\text{H}$							
M_3/H							

(4)按步骤(1)所述连接电路,保持两线圈间距离不变并固定线圈 1,转动线圈 2,使两线圈轴线夹角 θ 在 $-90°\sim90°$ 之间变化,记录感应电压的有效值 U_2,填入表 1.6-2 中,计算出互感 M 值。

表 1.6-2　$M-\theta$ 数据记录表

x/cm							
$\theta/(°)$							
U_2/V							
M/H							

(5)按步骤(1)所述连接电路,保持两线圈回路平行,且两线圈间距离 x 不变,固定线圈 1,将线圈 2 沿垂直于 x 的方向平移,使两线圈轴线间距 d 从 0 cm 至 20 cm 之间变化,记录感应电压的有效值 U_2,填入表 1.6-3 中,计算出互感 M 值。

表 1.6 - 3 M - d 数据记录表

x/cm							
d/cm							
U_2/V							
M/H							

(6)按步骤(1)所述连接电路,保持两线圈间距离不变,在线圈 2 中慢慢插入铁芯棒,观察感应电压有效值 U_2 的变化。

(7)按步骤(1)所述连接电路,保持两线圈间距离不变,在两线圈之间分别用铁板和铝板将两线圈分隔开,观察感应电压有效值 U_2 的变化。注意铁板和铝板与两线圈回路平面平行。

(8)按步骤(1)所述连接电路,单相调压器用信号发生器替代,保持两线圈间距离不变,改变电源频率,频率变化范围从 50 Hz 到 1000 Hz。记录感应电压的有效值 U_2,填入表 1.6 - 4 中,计算出互感 M 值。

表 1.6 - 4 M - f 数据记录表

x/cm							
f/Hz							
U_2/V							
M/H							

五、注意事项

(1)调压器的输入与输出端切勿接反。

(2)改变 x 值时,最好切断电源。

(3)用直尺测量两线圈的距离。

六、预习要求与思考题

(1)复习有关互感的理论知识。

(2)查阅数值积分计算方法。

(3)了解低功率因数功率表的使用方法。

七、实验报告要求

(1)在同一坐标纸上,根据表 1.6 – 1 中记录的测试数据,分别绘制互感 M 值随 x 的变化曲线。

(2)对实验结果进行分析讨论,并与理论计算值进行比较,说明产生误差的原因。

(3)计算步骤(1)和步骤(4)中,不同位置时两圆线圈磁耦合系数 k。

(4)分析影响互感 M 的因素有哪些。

(5)写出心得体会。

参考文献[2, 7, 12]

1.7　无损耗均匀传输线的研究

一、实验目的

(1)研究正弦稳态情况下无损耗均匀传输线在不同终端条件时沿线电压的分布规律。

(2)学习测定波长、频率、驻波比、反射系数、负载阻抗等参数的方法。

二、原理与说明

(1)设长度为 l 的无损耗均匀传输线沿 z 轴放置,如图 1.7 – 1 所示,则无损耗传输线方程为

$$\begin{cases} \dfrac{\partial u(z,t)}{\partial z} = -L_0 \dfrac{\partial i(z,t)}{\partial t} \\ \dfrac{\partial i(z,t)}{\partial z} = -C_0 \dfrac{\partial u(z,t)}{\partial t} \end{cases} \tag{1}$$

式中,$u(z,t)$ 和 $i(z,t)$ 分别表示在坐标 z 处 t 时刻的电压和电流;L_0 和 C_0 分别表示传输线单位长度的电感和电容。

根据式(1),可得到传输线的波动方程

$$
\begin{cases}
\dfrac{\partial^2 u(z,t)}{\partial z^2} = L_0 C_0 \dfrac{\partial^2 u(z,t)}{\partial t^2} \\[3mm]
\dfrac{\partial^2 i(z,t)}{\partial z^2} = L_0 C_0 \dfrac{\partial^2 i(z,t)}{\partial t^2}
\end{cases}
\tag{2}
$$

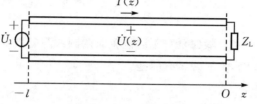

图 1.7 - 1　传输线

在正弦稳态条件下,若用 $\dot{U}(z)$ 和 $\dot{I}(z)$ 分别表示 $u(z,t)$ 和 $i(z,t)$ 在 z 处的相量,则式(2)对应的相量表达式为

$$
\begin{cases}
\dfrac{\mathrm{d}\dot{U}(z)}{\mathrm{d}z^2} = -\omega_0^2 L_0 C_0 \dot{U}(z) \\[3mm]
\dfrac{\mathrm{d}\dot{I}(z)}{\mathrm{d}z^2} = -\omega_0^2 L_0 C_0 \dot{I}(z)
\end{cases}
\tag{3}
$$

式(3)的通解形式为

$$
\begin{cases}
\dot{U}(z) = \dot{U}^+ \,\mathrm{e}^{-\mathrm{j}\beta z} + \dot{U}^- \,\mathrm{e}^{\mathrm{j}\beta z} \\[3mm]
\dot{I}(z) = \dfrac{\dot{U}^+}{Z_0}\mathrm{e}^{-\mathrm{j}\beta z} - \dfrac{\dot{U}^-}{Z_0}\mathrm{e}^{\mathrm{j}\beta z}
\end{cases}
\tag{4}
$$

其中, $Z_0 = \sqrt{\dfrac{L_0}{C_0}}$,称为传输线的特性阻抗; $\beta = \omega\sqrt{L_0 C_0}$,称为相位常数, β 与波长 λ 之间的关系为 $\beta = 2\pi/\lambda$; $\dot{U}^+$ 和 $\dot{U}^-$ 为积分常数,由传输线端部条件确定; $\dot{U}^+ \mathrm{e}^{-\mathrm{j}\beta z}$ 表示向 $+z$ 轴方向传播的入射电压波, $\dot{U}^- \mathrm{e}^{\mathrm{j}\beta z}$ 表示向 $-z$ 轴方向传播的反射电压波。

(2)设传输线的电源端在 $z=-l$ 处,负载端在 $z=0$ 处,当负载端的电压 $\dot{U}(0)=\dot{U}_2$ 和电流 $\dot{I}(0)=\dot{I}_2$ 为已知时,由式(4)可确定出积分常数 $\dot{U}^+$ 和 $\dot{U}^-$,最终可得沿线电压

$$
\dot{U}(z) = \dot{U}_2 \cos(\beta z) + \mathrm{j} Z_0 \dot{I}_2 \sin(-\beta z)
\tag{5}
$$

为了描述传输线上任一点处反射电压的大小,定义反射电压 $\dot{U}^-\,\mathrm{e}^{\mathrm{j}\beta z}$ 与入射电压 $\dot{U}^+\,\mathrm{e}^{-\mathrm{j}\beta z}$ 的比值为电压反射系数,用 Γ 表示,即

$$\Gamma = \frac{\dot{U}^-\,\mathrm{e}^{\mathrm{j}\beta z}}{\dot{U}^+\,\mathrm{e}^{-\mathrm{j}\beta z}} = \frac{\dot{U}^-}{\dot{U}^+}\mathrm{e}^{\mathrm{j}2\beta z} = \Gamma_\mathrm{L}\mathrm{e}^{\mathrm{j}2\beta z} \tag{6}$$

式中,Γ_L 为负载处的反射系数。

设负载阻抗为 Z_L,根据式(4),负载端的电压、电流分别为

$$\begin{cases} \dot{U}(0) = \dot{U}^+ + \dot{U}^- \\ \dot{I}(0) = \frac{\dot{U}(0)}{Z_\mathrm{L}} = \frac{\dot{U}^+}{Z_0} - \frac{\dot{U}^-}{Z_0} \end{cases} \tag{7}$$

这样,负载端的电压反射系数 Γ_L 可表示为

$$\Gamma_\mathrm{L} = \frac{Z_\mathrm{L} - Z_0}{Z_\mathrm{L} + Z_0} \tag{8}$$

若已知传输线的特性阻抗和负载端电压反射系数,那么,由上式可得到负载阻抗的表达式为

$$Z_\mathrm{L} = Z_0\,\frac{1 + \Gamma_\mathrm{L}}{1 - \Gamma_\mathrm{L}} \tag{9}$$

传输线上反射波的大小,除了可以用反射系数来表示外,还可以用驻波比 S 表示。S 定义为 $|\dot{U}(z)|$ 的最大值与最小值之比(设 $l > \lambda$),即

$$S = \frac{|\dot{U}(z)|_{\max}}{|\dot{U}(z)|_{\min}} = \frac{|1 + \Gamma_\mathrm{L}\mathrm{e}^{\mathrm{j}2\beta z}|_{\max}}{|1 + \Gamma_\mathrm{L}\mathrm{e}^{\mathrm{j}2\beta z}|_{\min}} = \frac{1 + |\Gamma_\mathrm{L}|}{1 - |\Gamma_\mathrm{L}|} \tag{10}$$

由式(10)还可得到用驻波比表示的反射系数表达式

$$|\Gamma_\mathrm{L}| = \frac{S - 1}{S + 1} \tag{11}$$

(3)正弦稳态下的无损耗传输线,当其终端接有不同的负载时,沿线电压分布不同。本实验研究以下几种终端情况。

①当终端开路时,由式(5)和(8)有

$$\dot{U}(z) = \dot{U}_2\cos(\beta z)$$
$$\Gamma_\mathrm{L} = 1$$

可见,电压的振幅沿线按正弦规律分布,电压波为驻波。在 $-z = 0$,$\frac{1}{2}\lambda$,λ,$\cdots$ 处为电压的波腹,而在 $-z = \frac{1}{4}\lambda$,$\frac{3}{4}\lambda$,$\frac{5}{4}\lambda$,$\cdots$ 处为电压波节。相邻的波腹和波节在

空间上相差 $\frac{1}{4}\lambda$。

②当终端短路时，$\dot{U}(z)$ 和 Γ_L 分别为

$$\dot{U}(z) = jZ_0 \dot{I}_2 \sin(-\beta z)$$

$$\Gamma_L = -1$$

电压的振幅沿线仍按正弦规律分布，电压波为驻波。在 $-z = 0$，$\frac{1}{2}\lambda$，λ，… 处为电压的波节，而在 $-z = \frac{1}{4}\lambda$，$\frac{3}{4}\lambda$，$\frac{5}{4}\lambda$，… 处为电压波腹。

③当终端接负载阻抗 $Z_L = Z_0$ 时，$\dot{U}(z)$ 和 Γ_L 分别为

$$\dot{U}(z) = \dot{U}_2 e^{-j\beta z}$$

$$\Gamma_L = 0$$

显然，电压的振幅沿线不变，且无反射电压波，电压波为行波，这种情况称为负载匹配。

（4）本实验采用 EMWLab 微波测量线综合实验系统中的"测量线实验"模块。该系统主要由主机、开槽同轴传输线及电压探针等组成。主机包括高频信号发射器、信号接收器和计算机系统，能够产生 138 MHz～4.5 GHz 频率范围内的任意高频信号，可测量并记录传输线上对应点内外导体间的电压幅值。开槽同轴传输线即在同轴传输线的外导体上，沿轴向开有一条缝隙。开槽传输线被连接于正弦电压源和待测的阻抗之间。在开槽传输线的缝隙中，放入一个电压探针（探针实际上是一个偶极子接收天线），用于测量内外导体间的电压幅值。当探针在传输线上移动时，点击主机屏幕上 的"采集"按钮，系统即可测得传输线上探针所在处的内外导体间电压幅值，每点击一次"采集"按钮，系统即采集一个电压幅值，并在屏幕上同步以列表和图像方式显示。

（5）传输线的电压驻波比可用测得的对应感应电压之比得到，即

$$S = \frac{|\dot{U}(z)|_{\max}}{|\dot{U}(z)|_{\min}} = \frac{U_{i\max}}{U_{i\min}} \tag{12}$$

式中，$U_{i\max}$ 和 $U_{i\min}$ 分别为感应电压的最大值和最小值。本实验系统的内置计算机系统会自动计算出电压驻波比。

为了精确测量波节点处的电压幅值，可以在原有实验测量数据基础上选择在波节点附近范围内进行精确测量。具体地，在屏幕上点击"精测"按钮，设置精测范围以及滑块移动步进，移动滑块位置，重新采集数据，实现精确测量。

两个相邻波节点之间的距离 Δz 等于波长 λ 的一半，据此，可得到波长 $\lambda =$

$2\Delta z$、频率 $f = c/\lambda$。这里 $c = 3 \times 10^8$ m/s。

测得传输线驻波比之后，再根据式(11)，计算得到负载端电压反射系数的模 $|\Gamma_L|$。

另外，设离负载端最近的 $|\dot{U}(z)|_{\min}$ 出现在 $z = z_{\min}$ 处，那么，负载端反射系数 Γ_L 的辐角 φ_L 可由下式得出：

$$\varphi_L = \pi\left[\frac{4}{\lambda}(-z_{\min}) - 1\right] \tag{13}$$

得到负载端反射系数后，进一步，根据式(9)即可得到负载阻抗值。

综上所述，根据两个相邻波节点之间的距离可计算出波长，在测得感应电压的最大值和最小值后，利用式(12)得到驻波比，再利用式(11)、式(13)和式(9)，依次得到负载端的电压反射系数和负载阻抗值。

三、仪器设备

EMWLab 微波测量线综合实验系统	1 套
计算机	1 台

四、实验任务

(1)在图 1.7 - 2 所示的 EMWLab 微波测量线综合实验系统中，点击"测量线实验"模块，学习相关理论知识。

图 1.7 - 2　EMWLab 微波测量线综合实验系统

在屏幕上单击"设置"按钮，设置如下参数：
①频率：信号源发射频率 $f = 3000$ MHz。
②探针初始位置：_____mm，调整测量线装置上的滑块与设置值一致。

③探针当前位置：_____mm，当前位置与初始位置应保持一致。

④探针最大位置：_____mm，即所要测量的终点位置。

⑤探针采样点距离：_____mm。即探针每次移动的距离，可选 5 mm、10 mm 或手动设置(一个周期至少测量 20 个点，理论波长 $\lambda=$ _____mm，据此计算采样点距离)。

⑥终端负载状态：_____。包括开路、短路以及匹配等。

⑦设置完成后，单击"设置完毕"按钮。

(2) 测量终端接不同负载时，传输线上电压振幅的分布规律。通过手轮移动探针位置，点击屏幕右上角的"采集"按钮开始采集数据，缓慢转动手轮，移动探针直至设定的最大位置。

①终端开路：描绘电压振幅沿线的分布规律，记录波长 $\lambda=$ _____mm、频率 $f=$ _____Hz、驻波比 $S=$ _____以及反射系数 $\Gamma=$ _____。

②终端短路：描绘电压振幅沿线的分布规律，记录波长 $\lambda=$ _____mm、频率 $f=$ _____Hz、驻波比 $S=$ _____以及反射系数 $\Gamma=$ _____。

③终端接匹配负载：描绘电压振幅沿线的分布规律。

(3) 用 PSpice 仿真传输线上电压、电流的分布规律。

①终端开路：描绘沿线电压、电流振幅的分布规律，计算波长 $\lambda=$ _____mm、频率 $f=$ _____Hz。

②终端短路：描绘沿线电压、电流振幅的分布规律。

③终端接匹配负载：描绘电压振幅沿线的分布规律。

④终端接 300 Ω 纯电阻：观察电压、电流振幅沿线的分布规律，计算负载阻抗 $Z=$ _____Ω。

五、注意事项

(1) 在 EMWLab 微波测量线综合实验系统中，调节传输线上探针位置时，不能用手直接移动探针，需要均匀缓慢转动右侧手轮使探针位置发生移动。

(2) 调节探针深度时必须谨慎小心，在保证输出有一定值的情况下，探针深度不宜太深。

六、预习要求与思考题

(1) 预习有关传输线理论的内容。

(2) 定性画出负载开路、短路时电压振幅沿线的分布曲线。

(3)给出负载阻抗 Z_L 的测量步骤及其计算公式。

(4)如何测量传输线的特性阻抗?

七、实验报告要求

(1)绘制不同终端情况下电压振幅沿线的分布曲线。

(2)计算有关波长、频率、驻波比、反射系数、负载阻抗的值。

(3)回答预习要求与思考题(3)、(4)。

参考文献 $[1, 2, 7, 10]$

第 2 章　电磁场演示实验

2.1　静电除尘

一、实验目的

(1)了解静电场的一个应用实例。

(2)掌握静电除尘的工作原理,观察静电除尘的现象。

(3)了解工程上提高静电除尘效率的方法。

二、原理与说明

1. 静电除尘的工作原理

静电除尘的工作原理是电场对电荷的作用力。本实验中使用的静电除尘实验装置示意图如图 2.1-1 所示。用玻璃圆筒模拟烟囱。在圆筒外壁均匀地绕上漆包线,接到高压电源的正极端,称之为集尘极。在圆筒中心悬置一根金属导线,其引出线接到高压电源的负极端,称之为放电极。当接通高压电源后,在放电极与集尘极之间产生一个非均匀电场,因为放电极导线很细,因此在放电极附近存在很强

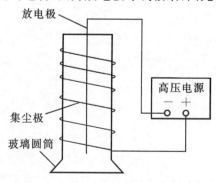

图 2.1-1　静电除尘实验装置示意图

的电场,越接近放电极,电场强度越大。当电源电压超过某一值(起晕电压)时,放电极导线表面出现青紫色的光,同时发出嘶嘶声,这种现象即为电晕放电。此时,放电极导线周围空气中少量的正负离子在强电场的作用下将发生激烈运动,并与其他的空气分子碰撞,使中性空气分子分离而产生大量的正负离子,正离子向放电极方向运动,得到电子,又变成空气分子,负离子向集尘极方向运动。若引入烟尘,因放电极附近的正离子向放电极运动的距离极短,速度低,碰上烟尘微粒的机会很少。因此,只有极少数烟尘微粒荷正电并沉降在放电极上,而大量烟尘微粒因负离子作用而直接带负电。这些带有负电的烟尘微粒在电场力作用下,飞向集尘极。由于受到玻璃圆筒的阻隔,荷电尘粒会吸附于圆筒内壁上进行放电并积聚起来,从而达到静电除尘的目的。

2. 起晕电压的近似计算

为了计算起晕电压,可将静电除尘实验装置中的放电极与集尘极近似看成同轴电缆的内电极与外电极,如图 2.1-2 所示。设放电极导线半径为 r_a,集尘极线圈半径为 r_b,玻璃圆筒高为 h,且 $h \gg 2r_b$,则放电极及集尘极之间的电场可近似认为无限长同轴电缆内外电极之间的电场。这样,距放电极轴线距离为 r 的任一点 P 处的电场强度表达式为

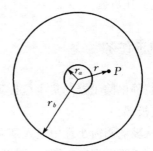

图 2.1-2 同轴电缆横截面示意图

$$E = -\frac{\tau}{2\pi\varepsilon r}e_r \tag{1}$$

式中,τ 为电极单位长度所带电荷量,e_r 为沿半径方向的单位矢量。

设放电极与集尘极之间的电压为 U,则

$$U = \int_a^b \boldsymbol{E} \cdot \mathrm{d}\boldsymbol{r} = -\frac{\tau}{2\pi\varepsilon}\ln\frac{r_b}{r_a} \tag{2}$$

由式(1)和式(2)可得电场强度的大小 E 与电压 U 的关系为

$$E = \frac{U}{r\ln\dfrac{r_b}{r_a}} \tag{3}$$

若空气的击穿场强为 E_m,则起晕电压为

$$U = E_m r_a \ln\frac{r_b}{r_a} \tag{4}$$

当高压电源提供的电压大于起晕电压时,静电除尘装置才能起到除尘作用。

3. 静电除尘效率的提高

影响静电除尘效率的主要因素有:粉尘的性质、静电除尘器的结构形状、供电方式以及尘灰收集方式等。例如,当放电极由圆导线替换为芒刺状结构的电极时,即可明显地观察到在电源电压升高的过程中,最大电场强度所在处的芒刺状放电极周围空气更易发生电晕放电,故静电除尘效率显著提高。

三、仪器设备

静电除尘器模型	1 台
静电高压电源	1 台

四、演示任务

(1)将静电除尘器的集尘极接到静电高压电源的正极端,放电极接到静电高压电源的负极端。

(2)从玻璃圆筒小孔中通入烟雾。

(3)接通静电高压电源,逐渐提高电压,观察烟雾的消散过程。

五、注意事项

(1)实验中,由于使用的电压较高,不允许用手去触摸电极,以免发生人身危险。

(2)实验结束后,熄灭燃烧物。

(3)关闭电源后,还需将放电极与集尘极触碰以释放电极上存储的电荷。

六、预习要求与思考题

(1)改变电极方向,会发生怎样的变化?

(2)试列举在工业生产中使用的静电除尘器的类型,讨论提高静电除尘效率的方法。

参考文献[2,7,29]

2.2 时变电磁场演示

一、实验目的

(1)观察天线的方向性,了解天线方向图的简单测量方法。

(2)加深对电磁波传播特性的理解,学习利用相干波原理测量波长的方法。

(3)了解电磁波的极化特性和简单的测量方法。

二、实验原理与说明

1. 天线的方向性

(1)天线是高频电流与空间电磁波能量的转换装置,它具有方向性,表现在天线辐射的能量沿空间各个方向上的分布不均匀。发射天线如果具有某种确定的方向性,发射机的输出功率就能有效地定向辐射,这样既节约了能量,又减少了对其它电子设备的干扰。由此可见,天线的方向性在实际工程中有着十分重要的应用价值。

天线的远区辐射电场可以表示为

$$E(\theta,\alpha)=E_{\max}F(\theta,\alpha)$$

其中,最大值 $E_{\max}$ 是与方向无关的常量,$F(\theta,\alpha)$ 为归一化的场强方向图。

天线的方向图是在远区情况下,天线所辐射的功率流密度或场强随空间方向变化的图形,它与天线的结构和工作频率有关。单元偶极子天线是构成复杂天线的基础,实际线天线可以看成是由许多单元偶极子天线串联而成的,图 2.2－1 所示为单元偶极子天线的方向图。

由图 2.2－1(a)可知,$\theta=90°$时场量最大,$\theta=0°$时场量为零,场量随 θ 按正弦规律变化。天线的方向图通常用两个相互垂直的主平面(E-面和 H-面)上的方向图表示,如图 2.2－1(b)和(c)所示。

(2)线天线通常使用在除微波波段以外的范围内,而在微波波段一般采用面天线。对于图 2.2－2 所示的矩形喇叭天线,在远区所辐射的波为 TEM 波,电场沿 y 轴方向,因此 yz 平面为 E-面,xy 平面为 H-面。

利用电磁波综合测试仪,可以测量喇叭天线在 H-面内的方向图,其示意图如图 2.2－3 所示。先将发射天线和接收天线沿 z 轴对准,显然,这时接收天线收到的信号幅度应为最大。然后固定接收天线不动,在 xz 平面内转动发射天线,测量

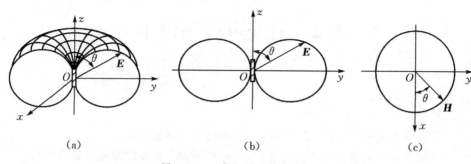

(a)　　　　　　　　　(b)　　　　　　　　　(c)

图 2.2-1　偶极子天线方向图

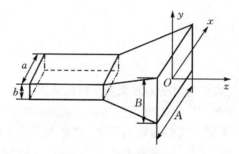

图 2.2-2　矩形喇叭天线

发射天线的轴线与 z 轴之间的夹角 θ 和相应的接收天线的输出电流 $I(\theta)$。接收天线接收到的信号经晶体检波器检波后,由 100 mA 的电流表指示。为了克服晶体检波器非线性的影响,可以在电流值较小时,减小衰减器的衰减量,这相当于改变测量仪器的量程,晶体检波器的非线性曲线如图 2.2-4 所示。

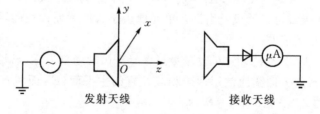

发射天线　　　　　　　接收天线

图 2.2-3　测量喇叭天线在 H-面内的方向图

2. 电磁波的传播特性

当平面电磁波入射到两种不同媒质的平面交界面上时,要发生反射和透射现象。

(1)当电磁波垂直入射到金属板(理想导体)上时,发生全反射,金属板可以起

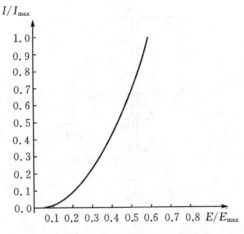

图 2.2-4　检波器的特性曲线

到屏蔽电磁波的作用;而当电磁波垂直入射到介质板上时,一部分能量透射过去,而另一部分能量则被反射回来。

(2)当电磁波斜入射到金属板上时,仍然发生全反射现象,并且反射角 θ_r 等于入射角 θ_i。当电磁波斜入射到有一定厚度的介质板上时,反射角等于入射角,而在板的另一侧,透射波的前进方向平行于入射波的传播方向,如图 2.2-5 所示。

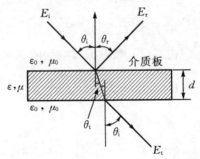

图 2.2-5　电磁波斜入射到介质板上

(3)吸波材料可起到吸收电磁波、消除反射的作用。电磁波进入吸波材料后,就迅速衰减,电磁波的能量被吸收掉了,因此电磁波几乎不能透过吸收材料,也几乎不产生反射。这正是隐身飞机所依据的原理之一。

(4)利用相干波原理测量波长的原理如图 2.2-6 所示。

图 2.2-6 中,E_i 为入射波;E_1 是入射波经介质板反射到固定金属板,被全反射后穿过介质板到达接收天线的一组波,其行程为 l_1;E_2 是入射波经介质板透射

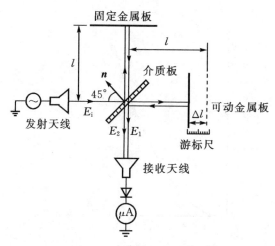

图 2.2-6　波长测量原理图

到可动金属板,经过全反射后,又在介质板表面反射,而到达接收天线的一组波,其行程为 l_2。l_1 与 l_2 之差为 $2\Delta l$,Δl 可以通过仪器上的游标尺读出。

金属板的反射系数为 -1,假设介质板的反射系数和透射系数分别为 Γ 和 T,则有

$$E_1 = -\Gamma T E_i e^{-j\beta l_1} = E_0 e^{-j\beta l_1}$$
$$E_2 = -\Gamma T E_i e^{-j\beta l_2} = E_0 e^{-j\beta l_2} \tag{1}$$

式中,β 为相位常数,$\beta = \dfrac{2\pi}{\lambda}$。由式(1),接收天线收到的总的场量为

$$E_r = E_1 + E_2 = E_0 e^{-j\beta l_1}(1 + e^{j2\beta\Delta l}) \tag{2}$$

E_r 的幅度

$$|E_r| = 2|E_0| \cdot \left|\cos\frac{2\pi}{\lambda}\Delta l\right| = \begin{cases} 2|E_0|, & \Delta l = \dfrac{n\lambda}{2} \\ 0, & \Delta l = (2n+1)\dfrac{\lambda}{4} \end{cases} \quad n = 0,1,2,\cdots$$

当 Δl 为半波长的整数倍时,E_1 和 E_2 同相相加,接收到的信号幅度为最大值,而当 Δl 为 $\dfrac{\lambda}{4}$ 的奇数倍时,E_1 和 E_2 等幅反相,输出信号为零。这种现象称为波的干涉。当改变可动反射板的位置时,E_r 随 Δl 变化的曲线如图 2.2-7 所示。利用相干波的这种性质,通过测量相邻两个零点(或峰点)间的距离,便可测出波长 λ。

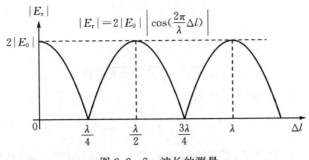

图 2.2 - 7 波长的测量

3. 电磁波的极化

极化是电磁波的一个重要概念,它描述了空间给定点上电场强度矢量的取向随时间变化的特性,用电场强度矢量 E 的端点在空间描绘出的轨迹来表示。设一平面波沿 z 方向传播,在 $z = 0$ 平面内的瞬时电场一般可写成

$$\begin{cases} E_x = E_{xm}\cos(\omega t - \psi_1) \\ E_y = E_{ym}\cos(\omega t - \psi_2) \end{cases} \tag{3}$$

假设 $\psi_1 = 0$、$\psi_2 = \psi$,则由式(3)可得

$$\frac{E_x^2}{E_{xm}^2} + \frac{E_y^2}{E_{ym}^2} - \frac{2E_x E_y}{E_{xm} E_{ym}}\cos\psi = \sin^2\psi \tag{4}$$

这是一个椭圆方程,合成电场的矢端在一个椭圆上旋转,当 $\psi > 0$ 时,为右旋椭圆极化波,当 $\psi < 0$ 时,为左旋椭圆极化波,如图 2.2 - 8 所示。

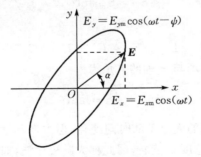

图 2.2 - 8 极化椭圆

椭圆极化有两种特殊情况:直线极化和圆极化。

(1)直线极化:如果 E_x 和 E_y 同相或反相时,即 $\psi_1 = \psi_2 = 0$ 或 π,那么电场表示为

$$\begin{cases} E_x = E_{xm}\cos(\omega t) \\ E_y = E_{ym}\cos(\omega t) \end{cases} \tag{5}$$

由式(5)可得

$$E = \sqrt{E_x^2 + E_y^2} = \sqrt{E_{xm}^2 + E_{ym}^2}\cos(\omega t)$$

合成电场与 x 轴的夹角由下式决定:

$$\tan\alpha = \frac{E_y}{E_x} = \frac{E_{ym}}{E_{xm}} = C$$

式中,C 为常数。由此可见,虽然合成电场的大小随时间变化,但其矢端轨迹与 x 轴的夹角始终为一常数,因此称为直线极化波,如图 2.2-9 所示。

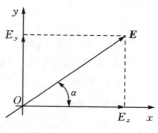

图 2.2-9　线极化

(2)圆极化:如果 E_x 和 E_y 振幅相同,相位差为 $\pm 90°$,则合成电场表现为圆极化波。式(3)可改写为

$$\begin{cases} E_x = E_m\cos(\omega t) \\ E_y = E_m\sin(\omega t) \end{cases} \tag{6}$$

由式(6)可得

$$E = \sqrt{E_x^2 + E_y^2} = E_m = C$$

式中,C 为常数。合成电场与 x 轴的夹角为

$$\tan\alpha = \frac{E_y}{E_x} = \tan(\omega t)$$

由此可见,合成电场的大小不随时间变化,但方向却随时间改变,合成电场的矢端在一个圆上并以角速度 ω 旋转,因此称为圆极化波,如图 2.2-10 所示。

(3)当一任意极化的电磁波垂直入射到一线径很细的金属线栅上(线间间隔远小于波长),线栅的导线平行于 y 轴方向,如图 2.2-11 所示。根据边界条件可知,由于在金属表面 E 的切向分量为零,与金属线栅平行的 E_y 分量无法穿过线栅,因而发生全反射;而与金属线栅垂直的 E_x 分量基本上可以不受影响地穿过线栅。所以,任意极化的电磁波经过线栅后,变成电场垂直于线栅方向的线极化波。

(4)由于实际天线辐射波在远区可以近似为平面波,因此,关于波的极化的讨

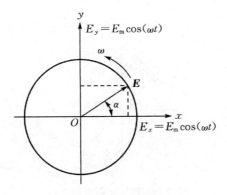

图 2.2-10　圆极化

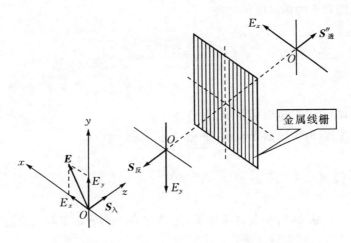

图 2.2-11　任意极化波垂直入射到金属线栅

论,可以直接应用于天线的极化。另外,天线的极化具有互易性。

矩形喇叭天线辐射的波是线极化波,极化方向垂直于喇叭的宽边,沿 ρ° 方向,如图 2.2-12 所示。当用它作为接收天线时,它只能接收到入射波沿 ρ° 方向的分量 $E_{ip}(t)$。

利用电磁波综合测试仪进行极化波测量时,发射天线可采用圆喇叭天线,通过改变圆波导中介质片的角度,可产生不同极化状态的波。接收天线使用线极化的矩形喇叭天线。先使发射、接收天线沿轴向对准并固定,然后在 xy 平面内绕轴转动接收天线(见图 2.2-12),测量接收天线的输出电流最大值 I_{max} 和最小值 I_{min}。

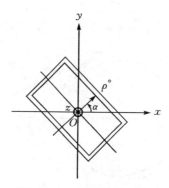

图 2.2 - 12　矩形喇叭天线

为简单起见,近似认为 I 与场强 E 的平方成正比。利用上述测量数据,在计算机上绘出极化图和波的椭圆极化轨迹。

三、仪器设备

计算机	1 台
电视录像片《时变电磁场演示(上)》	1 盘
电视录像片《时变电磁场演示(下)》	1 盘

四、演示任务

观看电视录像片《时变电磁场演示》上、下的相关内容。了解天线的方向性、波的传播特性及波的极化等概念。

五、思考题

(1)将图 2.2-6 中的介质板顺时针旋转 90°,能否用来测量波长？为什么？

(2)若图 2.2-11 中金属线栅的线间距大于或等于波长,会发生什么情况？

参考文献[7,10,12,13]

2.3　电磁感应现象的观测

(1)观测螺线管内的磁场波形,学习线圈参数的近似计算方法。
(2)观测稳恒磁悬浮现象,了解涡流的去磁效应及热效应引起的现象。
(3)观测涡电流效应,学习电参数的近似计算方法及减小涡流的方法。
(4)观测电磁振动现象。

二、原理与说明

1. 螺线管线圈参数的近似计算

给一密绕的螺线管线圈施加有效值为 U 的工频正弦电压,使流过线圈的电流有效值为 I,在线圈的中部采集若干点,用毫特斯拉计测量这些点处的轴向磁感应强度有效值 B_z(从线圈中部至线圈端部),根据测量数据计算出螺线管线圈内的平均磁感应强度有效值 B_{av}。设螺线管线圈的平均半径为 R、线圈匝数 N,则线圈的自感系数可近似计算为

$$L = N(\pi R^2) B_{av} / I \tag{1}$$

2. 稳恒磁悬浮原理

在螺线管线圈上方放置一定厚度的圆形铝盘,铝盘直径与螺线管线圈直径相同。给线圈通入交变的电流,则线圈会产生交变的磁场,根据电磁感应定律,在铝盘中会产生感应电场,进而在铝盘中产生感应电流,并在铝盘内部自成闭合回路,呈漩涡状流动,即涡流。铝盘中涡流产生的磁场减弱线圈的磁场,因此,在线圈电流增大的过程中,涡流方向与线圈电流方向相反,铝盘受到线圈对它向上的作用力,当该作用力大于铝盘的重力时,铝盘会向上浮动。在线圈电流减小的过程中,涡流与线圈电流方向一致,因此,铝盘受到线圈对它的吸引力,即铝盘受到与其重力方向一致的作用力。

当线圈通入一定幅值的正弦电流时,线圈对铝盘的作用力与铝盘的重力在空中某一位置处达到动态平衡,铝盘将悬浮在此处,并以两倍的电源频率上下轻微振动。

图 2.3-1 为铝盘在线圈磁场中的受力示意图。图中通电线圈中的电流为 i_1,

铝盘中的感应电流为 i_2。设铝盘中感应电流密度为 $\boldsymbol{J}$,则铝盘所受到的力密度近似为

$$\boldsymbol{F} = \boldsymbol{J} \times \boldsymbol{B} \tag{2}$$

该力的方向总是向上,如图 2.3-1 所示。

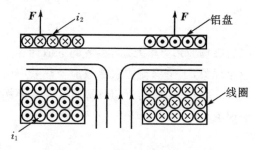

图 2.3-1 铝盘在磁场中的受力图

铝盘处于平衡状态时,所受到的重力和磁悬浮力相等,取铝盘的平均半径为 R,感应电流的平均值为 $\boldsymbol{J}_{av}$,则有合力

$$f \approx |(\boldsymbol{J}_{av} \times \boldsymbol{B})| \, \pi R^2 = Mg \tag{3}$$

式中,M 为铝盘质量,g 为重力加速度。测量铝盘悬浮位置处的 B(取中心处的值),则感应电流密度平均值大小 J_{av} 可近似计算

$$J_{av} \approx Mg / (B\pi R^2) \tag{4}$$

感应电流近似为

$$\dot{I} \approx (hR)Mg / (B\pi R^2) \tag{5}$$

式中,h 为铝板厚度。

感应电场近似为

$$E_\phi \approx J_{av} / \gamma \tag{6}$$

功率损耗

$$P \approx V J_{av}^2 / \gamma \tag{7}$$

其中,V 为铝盘的体积,γ 为铝盘的电导率。靠近铝盘可以感受到由涡电流损耗引起的发热。

3. 电磁振动原理

将螺线管线圈上方放置的圆形铝盘置换为铁盘。当线圈通入工频交变电流时,铁盘依然出现涡流,同时,由于铁盘在磁场中被磁化,铁盘中还会出现远大于涡流的磁化电流,此时,可忽略涡流的作用。由于磁化电流的方向与线圈电流的方向始终一致,因此,铁板受到通电线圈对它的吸引力。当线圈电流增大至某一值时,铁盘

开始振动,继续升高电压,增大电流,铁盘振动加剧,同时发出越来越大的啸声。

铁盘受到的吸引力 F 近似为

$$F = \frac{B_{av}^2 (\pi R^2)}{2\mu_0} \qquad (8)$$

式中,B_{av} 为铁盘位置处的平均磁感应强度。若 $B_{av} = B_m \sin\omega t$,则吸引力为

$$F = \frac{B_m^2 (\pi R^2) \sin\omega t}{2\mu_0}$$

$$= \frac{10^7}{8} B_m^2 R^2 \left(\frac{1 - \cos 2\omega t}{2}\right)$$

$$= F_m \left(\frac{1 - \cos 2\omega t}{2}\right) \qquad (9)$$

式中 F_m 是吸引力的最大值。上式说明吸引力在零与最大值之间脉动,因而铁盘以两倍电源频率在振动,引起噪音。

三、仪器设备

单相调压器 10 kV·A	1 台
电流互感器 100∶5	1 块
电流表 2 A	1 块
螺线管线圈 匝数 330(自制)	1 个
示波器	1 台
毫特斯拉计	1 台
计算机	1 台
铝盘:厚度 3 mm,直径 18 cm,不开槽	1 块
铝盘:厚度 3 mm,直径 18 cm,开 4 槽	1 块
铁盘:厚度 1 mm,直径 18 cm,不开槽	1 块
铜盘:厚度 1 mm,直径 18 cm,不开槽	1 块
圆柱铁芯	1 个

四、演示任务

(1)按图 2.3-2 接线,调节调压器,使电流表为 0.4 A。用示波器观察通电螺线管内的磁场波形与电路中电流波形之间的相位关系。用毫特斯拉计测量磁感应强度 B 的值,引导学生掌握螺线管线圈电感值的计算方法。

(2)在螺线管线圈中放入铁芯,调节调压器,使电流表保持0.4 A不变。用示波器观察通电螺线管内的磁场波形与电路中电流波形之间的相位关系。用毫特斯拉计测量磁感应强度B的值,比较空芯及铁芯B值的大小,分析B值改变的原因。

(3)在螺线管线圈中放入铁芯,并在其上方放一直径为18 cm(与线圈直径相同),厚度$h=3$ mm的不开槽铝盘。调节调压器,使电压从零慢慢上升。随着线圈内的电流慢慢增大,这时铝盘脱离线圈上浮,当电路中电流达20 A时,铝盘上浮高度为3 cm,电流保持不变,铝盘浮在空中不动。解释稳恒磁悬浮现象,并引导学生掌握实验中实现近似计算的方法。

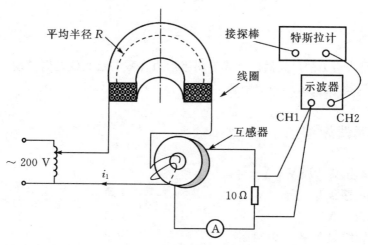

图2.3-2　螺线管线圈接线图

(4)将厚度$h=3$ mm的开4槽铝盘及不开槽的薄铜盘分别放入螺线管线圈上方,调节调压器,使电压从零慢慢上升,观察金属盘有无运动。引导学生分析这一现象,并说明减小涡流的方法。

(5)将铁盘放入螺线管线圈上方,调节调压器,使电压从零慢慢上升。当线圈内的电流慢慢增大,铁盘开始振动,随着电流的增大振动加剧,同时发出越来越大的啸声。引导学生分析这一现象,并讲述一些电磁铁在生产中应用的知识。

五、注意事项

(1)在观察螺线管内的磁场波形时,电路中的电流不能过大,否则波形将发生变形。

(2)示波器CH2通道的耦合方式选择为"交流"。

了解电磁感应原理。

参考文献[2,7,14,15]

2.4　激光与光纤通信

一、实验目的

(1)了解激光与光纤通信原理。
(2)熟悉激光通信采用的两种传输方式。

二、原理与说明

(1)激光通信是利用激光传输信息的通信方式。激光通信系统包括发送和接收两个部分,原理框图如图 2.4-1 所示。发射部分将信息信号通过信号变换器转换为电信号,然后利用这个电信号去调制高频激光载波,再通过一个发射望远镜将激光束集中在一个很小的立体角内向目标发射。接收部分由一台接收望远镜把接收到的光束传到光电探测器,并通过信号变换器将光信号转换成电信号,然后由一个解调器将声音的电信号复原。

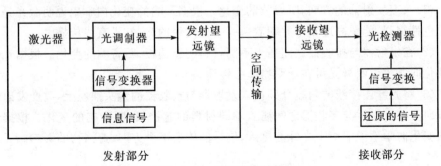

图 2.4-1　模拟装置结构图

第2章　电磁场演示实验

065

通信时,双方激光通信机的镜头对准,发送一方将信息调制在激光上,通过光学发射天线发送出去,接收一方将激光信号接收下来,并进行还原。

(2)激光通信容量大,保密性好,在实际工程中被广泛应用。在激光通信中常采用两种传输方式:

①在大气中传输。这种传输方式瞄准困难,易受空气抖动和气候、地形等影响,信息传输质量差。

②在光导纤维中传输。这是一种被人们所重视的光导通信技术,它可以传输数码、声音和图像等信息。光导传输信息的容量和质量,以及经济指标远远优越于电缆通信。

三、仪器设备

JGT-2型激光与光纤通信实验演示仪(Ⅰ)发射器	1台
JGT-2型激光与光纤通信实验演示仪(Ⅱ)接收器	1台
录音机	1台
不同材料的遮挡板	3块
光纤连接线	1根
小音箱	1台

四、演示任务

将录音机发出的音频信号通过音频线送入发射器的拾音端,小音箱连入接收器的音频输出端。发射器与接收器的镜头对准。打开录音机从小音箱中能发出音乐声。

(1)改变发射器的方向,听音响的变化。根据音响的变化向学生说明激光是一种单色性很强,能量高度集中并朝着单一方向发射的光,它沿直线传播。

(2)在发射器与接收器之间插入不同材料的遮挡板,听音响的变化。根据音响的变化向学生说明激光可在透明物质中传播。

(3)将光纤连接线的两端分别接入发射器与接收器的镜头插座上,改变发射器的方向及在发射器与接收器之间插入不同材料的遮挡板,听音响的变化。根据音响的变化向学生说明由于光纤的接入,信号的传播不受方向、遮挡物的影响。

五、注意事项

为更好地听出音响的变化，可用 A4 复印纸一张、两张、多张分别放在发射器与接收器之间。

六、预习要求

了解激光和光纤通信原理。

参考文献[2,4]

第3章　电磁场仿真实验

3.1　计算机编程实验

3.1.1　应用有限差分法求解接地金属槽内部的电位分布

一、实验目的

(1)掌握有限差分法的原理与计算步骤。

(2)理解并掌握求解差分方程组的高斯迭代法和超松弛迭代法。

(3)分析超松弛迭代法中加速收敛因子 α 的作用。

(4)学习应用有限差分法求解接地金属槽问题,并编制计算程序。

二、方法原理

有限差分法是以差分原理为基础的求解边值问题的一种数值求解方法。其基本思想是:将连续场域剖分为许多网格,应用差分原理,将求解连续变量的偏微分方程问题转化为求解离散网格节点上变量值的代数方程组问题,解出各离散节点变量值之后,再应用插值方法,进而由离散解得出全场域中的近似解。

有限差分法具有简单、灵活以及通用性强的特点,容易采用计算机编程实现。

应用有限差分法的步骤通常为:

(1)采用一定的网格剖分方式对求解场域离散化。

(2)应用差分原理,对场域内偏微分方程及其边界条件进行差分离散化处理,即构造差分格式。

(3)对由差分得到的代数方程组,选用合适的求解方法,编制计算程序,得到待求边值问题的数值解。

下面以二维静电场边值问题为例,说明有限差分法的应用。二维静电场边值问题可描述为

$$\begin{cases} \dfrac{\partial^2 \varphi}{\partial x^2} + \dfrac{\partial^2 \varphi}{\partial y^2} = 0 & \text{在 } D \text{ 中} \qquad (1) \\ \varphi|_L = f(s) & \qquad\qquad (2) \end{cases}$$

其中，$f(s)$ 为边界点 s 的点函数。二维场域 D 和边界 L 示于图 3.1.1-1 中。

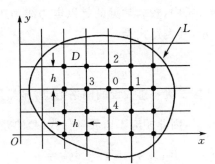

图 3.1.1-1　有限差分法的网格剖分

1. 场域的离散化

应用有限差分法，首先需要对场域进行网格剖分，确定网格节点的分布形式。通常采用有规律的方式进行网格剖分，这样在每个离散点上可得出相同形式的差分方程，有效地提高求解速度。如图 3.1.1-1 所示，现采用分别与 x 轴，y 轴平行的等距(步距为 h)网格线把场域 D 分割成足够多的正方形网格。各个正方形的顶点(也即网格线的交点)称为网格的结点。这样，对于场域内典型的内结点 0，它与周围相邻的结点 1、2、3 和 4 构成一个所谓对称的星形。

2. 场域内差分格式的构造

完成网格剖分后，需把上述静电场边值问题中的拉普拉斯方程式(1)离散化。设结点 0 上的电位值为 φ_0，结点 1、2、3 和 4 上的电位值相应为 φ_1、φ_2、φ_3 和 φ_4，则基于差分原理，拉普拉斯方程式(1)在结点 0 处可近似表达为

$$\varphi_1 + \varphi_2 + \varphi_3 + \varphi_4 - 4\varphi_0 = 0 \qquad (3)$$

上式即为正方形网格内某点的电位所满足的拉普拉斯方程的差分格式，或差分方程。对于场域内的每一个结点，式(3)都成立，都可以列出一个相同形式的差分方程。

3. 边界条件的近似处理

为了求解给定的边值问题，还必须对边界条件以及具体问题中可能存在的分界面上的衔接条件进行差分离散化处理，以构成相应的差分边值问题。这里，我们只考虑正方形网格分割下的边界条件的近似处理。

1)第一类边界条件

如果网格结点正好落在边界 L 上,那么对应于边界条件式(2)的离散化处理,就是把点函数 $f(s)$ 的值直接赋予对应的边界结点。

2)第二类边界条件

在实际电场问题的分析中,较为常见的是以电力线为边界的第二类齐次边界条件,如图 3.1.1 - 2 所示,其表达式为

$$\left. \frac{\partial \varphi}{\partial n} \right|_L = 0 \tag{4}$$

这时,可沿着场域边界外侧安置一排虚设的网格结点,显然,对于边界结点 0,由于该处 $\frac{\partial \varphi}{\partial n} = 0$,故必有 $\varphi_3 = \varphi_1$,因此相应于边界条件式(4)的差分计算格式为

$$2\varphi_1 + \varphi_2 + \varphi_4 - 4\varphi_0 = 0 \tag{5}$$

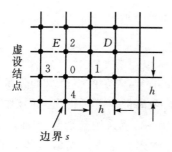
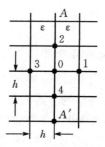

图 3.1.1 - 2　第二类齐次边界的一种情况　　图 3.1.1 - 3　对称线上结点的差分格式

此外,在许多工程问题中,常常能够判定待求电场具有某些对称性质,这样只需要计算某一对称部分的场就能完全确定整个场的分布。为此,还必须导出位于场的对称线上的结点所满足的差分计算格式。以对称线与网格结点相重合为例(见图 3.1.1 - 3),设 $\overline{AA'}$ 线为一对称线,对于位于对称线上的任一结点 0,由拉普拉斯方程(因对称性,必有 $\varphi_3 = \varphi_1$)可得相应的差分计算格式是

$$2\varphi_1 + \varphi_2 + \varphi_4 - 4\varphi_0 = 0 \tag{6}$$

3)媒质分界面上的衔接条件

在此选取两种情况进行差分离散化的处理。

分界面与网格线相重合的情况:设分界面 L 与网格线相重合,如图 3.1.1 - 4 所示,在两种媒质 ε_a 和 ε_b 中电位都满足拉普拉斯方程。容易导得,两种媒质分界面上衔接条件在结点 0 的差分格式为

$$\frac{2}{1+K}\varphi_1 + \varphi_2 + \frac{2K}{1+K}\varphi_3 + \varphi_4 - 4\varphi_0 = 0 \tag{7}$$

其中 $K=\dfrac{\varepsilon_a}{\varepsilon_b}$。

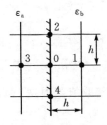

图 3.1.1-4 分界面与网格线相重合

分界面对于网格呈对角线形态的情况:如图 3.1.1-5 所示,分界面 L 对于网格呈对角线形态,在两种媒质 ε_a 和 ε_b 中电位 φ 都满足拉普拉斯方程。容易导得,两种媒质分界面上衔接条件在结点 0 的差分格式为

$$\frac{2}{1+K}(\varphi_1+\varphi_4)+\frac{2K}{1+K}(\varphi_2+\varphi_3)-4\varphi_0=0 \tag{8}$$

其中 $K=\dfrac{\varepsilon_a}{\varepsilon_b}$。

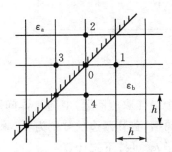

图 3.1.1-5 分界面 L 对网格呈对角线形态

总之,类似以上的分析处理方法,可以逐个导得各种类型的边界条件和衔接条件差分离散化的计算格式。限于篇幅,在此不再展开。

4. 差分方程组的求解

在对场域 D 内各个结点(包括所有场域内的点和有关的边界结点)逐一列出对应的差分方程,组成差分方程组后,就可选择一定的代数解法,以算出各离散结点上待求的电位值。注意到差分方程组的系数一般是有规律的,且各个方程都很简单,包含的项数不多(最多不超过 5 项),因此,对于有限差分法,通常都采用逐次近似的迭代方法求解。

在本实验中,要求采用高斯赛德尔和超松弛两种迭代方法。对图 3.1.1-6 所

示的双下标(i,j)标号结点,高斯赛德尔迭代的公式为

$$\varphi_{(i,j)}^{(n+1)} = \frac{1}{4}(\varphi_{(i+1,j)}^{(n)} + \varphi_{(i,j+1)}^{(n)} + \varphi_{(i-1,j)}^{(n+1)} + \varphi_{(i,j-1)}^{(n+1)}) \tag{9}$$

超松弛迭代法的公式为

$$\varphi_{(i,j)}^{(n+1)} = \varphi_{(i,j)}^{(n)} + \frac{\alpha}{4}(\varphi_{(i+1,j)}^{(n)} + \varphi_{(i,j+1)}^{(n)} + \varphi_{(i-1,j)}^{(n+1)} + \varphi_{(i,j-1)}^{(n+1)} - 4\varphi_{(i,j)}^{(n)}) \tag{10}$$

式(10)中,α 称为加速收敛因子,其取值范围是 $1 \leqslant \alpha < 2$,当 $\alpha \geqslant 2$ 时,迭代过程将不收敛。

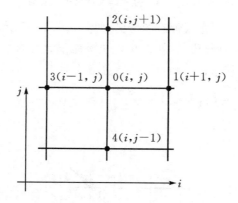

图 3.1.1-6 结点的双下标(i,j)标号

加速收敛因子 α 有一个最佳取值问题,但随具体问题而异。对由边长为 h 的正方形网格划分的矩形金属槽,若其两边长分别为 ph 和 qh(p、q 分别为各边的剖分网格数),则最佳收敛因子 α_0 可按下式计算:

$$\alpha_0 = 2 - \pi \times \sqrt{2} \sqrt{\frac{1}{p^2} + \frac{1}{q^2}} \tag{11}$$

在更一般的情况下,α_0 只能凭借经验取值。

应当指出,为加速迭代解收敛速度,在迭代运算前,恰当地给定各内点的初始值(即所谓第 0 次近似值)也是一个有效的途径。

5. 迭代解收敛程度的检验

在迭代法的应用中,还必须涉及迭代解收敛程度的检验问题。对此,通常的处理方法是:迭代一直进行到所有内结点上相邻两次迭代解的近似值满足条件

$$|\varphi_{(i,j)}^{(n+1)} - \varphi_{(i,j)}^{n}| < W \tag{12}$$

时,终止迭代。即将式(12)作为检查迭代解收敛程度的依据。其中,W 是指定的

最大允许误差。

　6. 有限差分法的程序框图

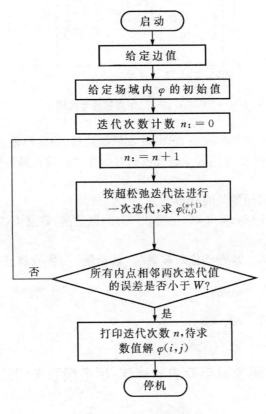

图 3.1.1 - 7　程序框图

三、编程任务

　　设有一个长直接地金属矩形槽,$a=40,b=20$,如图 3.1.1 - 8 所示,其侧壁与底面电位均为零,顶盖电位为 100 V(相对值),求槽内的电位分布。

　　具体要求:

　　(1)编写一个计算机程序(用你熟悉的程序语言)。

　　(2)求相邻两次迭代值在最大允许误差小于 10^{-3} 时的迭代收敛解。

　　(3)采用步距 $h=1$ 的正方形网格将场域离散,然后应用有限差分法求电位 φ 的数值解。也可以根据场分布的对称性,以半场域为计算对象,用有限差分法求电位 φ 的数值解。

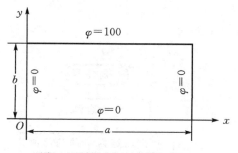

图 3.1.1-8　矩形接地金属槽

（4）分别取若干不同的 α 值，求电位 φ 的数值解，确定出最佳收敛因子 α_0。以此分析加速收敛因子的作用。从迭代收敛时的迭代次数和最终数值解这两方面总结自已的看法。

（5）用计算机描绘等位线分布。

（6）用 ANSYS Maxwell 2D 工程软件对问题求解，取点 $P(20,10)$ 处电位，验证程序的正确性。

（7）取点 $P(20,10)$ 处电位的精确解（解析解）与数值解进行比较，说明误差范围。

参考文献[1, 2, 20, 23]

3.1.2　应用模拟电荷法计算球-板电极系统间的电位分布

一、实验目的

（1）掌握模拟电荷法的原理与计算步骤。

（2）了解如何通过选择适当的模拟电荷的形状和个数，以及选择匹配点，来获得较高的计算精度。

（3）学会应用模拟电荷法计算球-板电极系统的电位分布，并编制计算程序。

二、方法原理

模拟电荷法的基本思想基于唯一性定理。在求解场域以外，用一组虚设的离散分布的简单电荷（即模拟电荷）来等效替代电极表面的连续分布的电荷，并应用这些模拟电荷的电位或电场强度解析解来计算电场。常见的模拟电荷类型有点电荷、直线电荷以及圆环形线电荷等。

应用模拟电荷法的步骤通常为：

(1)定性分析电极和场域,选定模拟电荷的类型、位置和数量,选定与模拟电荷数量相同的电极表面电位匹配点,建立模拟电荷的线性代数方程组。

(2)求解线性代数方程组,得到模拟电荷值。

(3)在电极表面另外选定电位校验点,对模拟电荷进行校验和必要的修正。

(4)用模拟电荷的解析解计算场域内任意一点的电位或电场强度。

1. 模拟电荷方程组的建立

在计算静电场时,若能在电极导体内及待求场域外设置若干个离散电荷(点、线或环形线电荷),只要这些电荷能保证原来给定的边界条件不变,根据静电场唯一性定理,用这组电荷求出的待求场域内的解就是原问题的解。这组离散电荷通常称为模拟电荷或等效电荷,这种方法称为模拟电荷法。

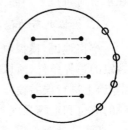

图 3.1.2-1 模拟电荷法

模拟电荷的形式和它们的位置可人为给定,其电荷量可根据电极导体表面上边界条件来确定。例如,对于一孤立的球形电极,可在球形电极内设置 n 个环形电荷(或点电荷),如图 3.1.2-1 中的"●"所示;同时在球表面取 n 个匹配点,如图 3.1.2-1 中的"○"所示。在用 n 个环形电荷代替球形电极导体表面上的连续分布电荷后,使其内的介电常数和球外区域内的介电常数相同。这样,当媒质为线性介质时,根据叠加原理,每个匹配点的电位就由这 n 个环形线电荷单独产生的电位叠加而得,即

$$\sum_{i=1}^{n} p_{ji}\tau_i = \varphi_j \quad (j=1,2,\cdots,n) \tag{1}$$

式中,φ_j 为球面上给定匹配点 j 的已知电位 U_0;τ_i 为第 i 个环形电荷单位长度上的电量;p_{ji} 为 $\tau_i=1$ 时在第 j 个匹配点上产生的电位值,称为电位系数,它与介电常数、环形电荷的半径以及环形电荷与匹配点之间的相对位置有关,而与模拟电荷 τ_i 的大小无关。

式(1)代表一组线性联立代数方程组,矩阵形式为

$$[P][\tau] = [\varphi] \tag{2}$$

上式称为模拟电荷方程组。

2. 模拟电荷和匹配点的确定

在给定了电极表面匹配点的位置及电极内模拟电荷的位置后,模拟电荷量即可从模拟电荷方程式(2)解出。然后,用这组等效的模拟电荷就可求出球外场域中任意点的电位及电场强度值。

值得指出的是,在应用模拟电荷法时,并不是模拟电荷数愈多(意味着匹配点

数愈多),解的计算精度就愈高。这是因为,如果设置过多的模拟电荷数,边界上匹配点将设置得过密,则必然导致系数矩阵$[P]$中相邻两行和两列的数值相近,出现"病态"方程。

如何确定模拟电荷的位置,也是一个值得考虑的问题。一般情况下,模拟电荷的位置离导体表面远,用较少的模拟电荷数就可获得较高的计算精度。

选用合适的模拟电荷的形状,可以提高计算精度和减少计算时间。由被选用的模拟电荷所产生的场分布和实际场的分布愈接近,则所需的模拟电荷数愈少。在二维场中,常选用无限长的线电荷;而在轴对称场中,常选用点电荷、环形电荷及有限长的线电荷。

3. 模拟电荷方程组的求解

在线性媒质中,模拟电荷方程组是线性代数方程组,其系数矩阵是非正定的,在求解时可以采用高斯列主元消去法。

4. 模拟电荷的校核

严格地说,模拟电荷法不能保证电极导体表面所有各点的电位都能满足原先给定的边界条件,所以对计算出的模拟电荷分布需在校核点(一般取相邻匹配点的中点)上进行误差校核。如果误差在允许范围内,就可用该套模拟电荷分布计算场中的电位和电场强度。否则要调整模拟电荷和匹配点之间的相对位置重新进行计算,直到满足要求为止。

三、编程任务

如图 3.1.2-2 所示的球-板电极系统,球形电极半径 $R=10$ mm,球心至导板间距离 $D=20$ mm,球-板间外施电压 $U_0=1$ V。应用模拟电荷法时,采用连续镜像法,即该系统的场分布可用一系列点电荷的效应来等值地进行计算,如图 3.1.2-3 所示。

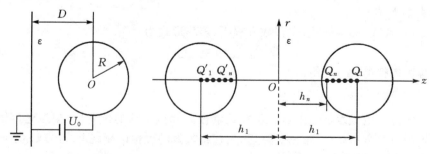

图 3.1.2-2 球-板电极系统　　　　图 3.1.2-3 模拟电荷分布示意图

由于该电场具有轴对称性,按图 3.1.2-3 所示的坐标系,所设电荷 Q_n 与各模拟电荷的量值 Q_n 及位置 h_1 和 h_n 由下式给定:

$$\begin{cases} h_1 = D \\ Q_1 = 4\pi\varepsilon_0 U_0 \\ h_n = D - \dfrac{R^2}{D + h_{n-1}} \\ Q_n = \dfrac{R}{D + h_{n-1}}Q_{n-1} \quad Q'_n = -Q_n \end{cases} \tag{3}$$

在实际应用时,由于仅能取有限个集中的模拟电荷 Q_n 来等值替代电极表面未知分布的面电荷,因此,连续镜像法是一种解析与近似计算相结合的方法。

上机要求:

(1)根据求解思路先制订计算框图,并编制计算程序。

(2)计算模拟电荷的位置 $h(n)$ 及其相应的值 $Q(n)$,并观察模拟电荷分布的收敛趋势。

(3)在符合工程计算精度的要求下,确定所需模拟电荷的个数、量值及其相应位置。

(4)计算球形电极表面的电位,校核程序的正确性。

(5)计算该系统的电位分布,并用计算机画出电位 $\varphi = 0.9U_0, 0.8U_0, \cdots,$ $0.1U_0$ 的等位线。

参考文献[1, 21, 22]

3.1.3 应用数值积分法计算螺线管线圈的磁场

一、实验目的

(1)掌握应用直接积分法计算螺线管线圈磁场的方法和步骤。

(2)编制计算机程序,计算螺线管线圈的磁场,并绘制磁力线分布图。

二、方法原理

以恒定磁场问题为例,数值积分法的基本思想是将连续场源离散化,用足够多的离散场源等效替代连续场源,然后基于毕奥-萨伐尔定律或磁矢位 A 的解析解形式,采用叠加原理,求解得到场域任意一点的磁感应强度 B 值或磁矢位 A 值。因此,数值积分法的实质是将连续函数的积分运算用求和的方法来逼近。该方法简便,计算速度快,但计算精度取决于离散化的精度。

应用数值积分法求解恒定磁场的步骤为:

(1)对场源离散化。

(2)根据毕奥-萨伐尔定律,得到离散场源在场域任意一点处的磁感应强度 B 的表达式,或得到离散场源在场域任意一点处的磁矢位 A 的解析表达式。

(3)根据叠加原理,求解场域任意一点的磁感应强度 B 值或磁矢位 A 值。

1. 轴对称磁场中沿轴线的磁场

如果在经过某一轴线(通常为圆柱坐标系中的 Z 轴)的一簇子午面上,场 F 的分布都相同,即 $F=f(r,z)$,则称这个场为轴对称场。在无限大、均匀且各向同性媒质中,当场源具有轴对称分布的特征时,其激励的空间场分布也具有轴对称性。

在真空中,一个通入电流为 I、半径为 r_0 的单匝环形载流线圈,如图 3.1.3-1 所示,其磁场即呈轴对称分布。根据毕奥-萨伐尔定律,我们可以推导出该环形载流线圈轴线上任一场点 P 的磁感应强度可表示为

$$B = \frac{\mu_0 I r_0^2}{2[r_0^2 + (z-z')^2]^{3/2}} \tag{1}$$

磁感应强度 B 的方向沿 $+z$ 轴方向。

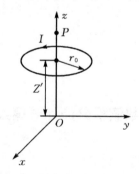

图 3.1.3-1 单匝环形载流线圈

对于由多匝环形线圈组成的载流螺线管线圈磁场的分析,应用叠加原理,这时待求磁场可由各个环形载流线圈各自产生的效应叠加求解。即将各匝线圈内的电流 I 视作集中在截面中心的"电流丝",但这在导体较粗的情况下会带来一定的误差。因此,较理想的场源离散化处理方法是:如图 3.1.3-2 所示,取载流线圈的外轮廓线为场源周界,且认为场源截面 S 内电流分布均匀,即

$$J = \frac{NI}{S} \tag{2}$$

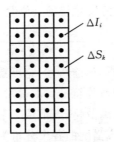

图 3.1.3－2　场源的离散化

式中，N 是螺线管线圈的总匝数。然后，将截面离散成 n 个小面积，第 i 个小面积 $\Delta S_i(i=1,2,\cdots,n)$ 内的电流为

$$\Delta I_i = J \Delta S_i \tag{3}$$

把此电流 ΔI_i 视作集中在 ΔS_i 中心的电流丝。这样，当截面离散为足够数量的小面积 ΔS_i 时，就能保证计算结果具有满意的精度。

需要指出的是：场源离散化的网格的几何形状应力求规格化，以便可由计算机程序自动生成。对于电流分布不均匀的场源，离散时应使每一网格内的电流尽可能均匀。

场源离散完成后，根据叠加原理，应用式(1)，就可计算出轴线上任一场点 P 处的磁感应强度值为

$$B = \sum_{i=1}^{n} \frac{\mu_0 \Delta I_i}{2} \frac{r_i^{\;2}}{\left[r_i^2 + (z_p - z_i)^2\right]^{\frac{3}{2}}} \tag{4}$$

2. 轴对称磁场中任意场点处的磁场

单个环形载流回路(如图 3.1.3－1 所示)在任意点处磁感应强度各个分量的计算公式为

$$\begin{cases} B_r = \dfrac{\mu_0 I}{2\pi} \dfrac{z-z'}{r\left[(r_0+r)^2+z^2\right]^{1/2}}\left[\dfrac{r_0^2+r^2+(z-z')^2}{(r_0-r)^2+(z-z')^2}E(k)-K(k)\right] \\[4mm] B_z = \dfrac{\mu_0 I}{2\pi} \dfrac{1}{\left[(r_0+r)^2+(z-z')^2\right]^{\frac{1}{2}}}\left[\dfrac{r_0^2-r^2-(z-z')^2}{(r_0-r)^2+(z-z')^2}E(k)+K(k)\right] \end{cases} \tag{5}$$

这里，$K(k)$ 和 $E(k)$ 分别为第一类和第二类椭圆积分。它们可由以下无穷级数计算：

$$\begin{cases} K(k) = \dfrac{\pi}{2}\left[1 + \left(\dfrac{1}{2}\right)^2 k^2 + \left(\dfrac{1\cdot3}{2\cdot4}\right)^2 k^4 + \left(\dfrac{1\cdot3\cdot5}{2\cdot4\cdot6}\right)^2 k^6 + \cdots\right] \\[4mm] E(k) = \dfrac{\pi}{2}\left[1 - \left(\dfrac{1}{2}\right)^2 k^2 - \left(\dfrac{1\cdot3}{2\cdot4}\right)^2 \dfrac{k^4}{3} - \left(\dfrac{1\cdot3\cdot5}{2\cdot4\cdot6}\right)^2 \dfrac{k^6}{5} - \cdots\right] \end{cases} \tag{6}$$

第 3 章　电磁场仿真实验

式中，k 值取决于环形回路的几何尺寸与场点位置，

$$k^2 = \frac{4r_0 r}{(r_0 + r)^2 + (z - z')^2} \tag{7}$$

对于载流螺线管磁场的分析，如前所述，它可看做 N 匝环形载流回路的组合，显然，其磁场分布具有同样的轴对称特征。取过对称轴的平面为分析场域。首先，按照上面所述方法，将场源网格离散化（离散成 n 根电流丝），然后，应用叠加原理和式(5)，求得待求场点处磁感应强度的各个分量为

$$\begin{cases} B_r = \sum_{i=1}^n \frac{\mu_0 \Delta I_i}{2\pi} \frac{z_p - z_i}{r_p [(r_i + r_p)^2 + (z_p - z_i)^2]^{1/2}} \times \\ \qquad \left[\frac{r_i^2 + r_p^2 + (z_p - z_i)^2}{(r_i - r_p)^2 + (z_p - z_i)^2} E(k) - K(k) \right] \\ B_z = \sum_{i=1}^n \frac{\mu_0 \Delta I_i}{2\pi} \frac{1}{[(r_i + r_p)^2 + (z_p - z_i)^2]^{1/2}} \times \\ \qquad \left[\frac{r_i^2 - r_p^2 - (z_p - z_i)^2}{(r_i - r_p)^2 + (z_p - z_i)^2} E(k) + K(k) \right] \end{cases} \tag{8}$$

其中，

$$k = \frac{4r_i r_p}{(r_i + r_p)^2 + (z_i - z_p)^2} \tag{9}$$

式中，r_p、z_p 为场点的 r 与 z 方向的坐标；r_i、z_i 为离散后的第 i 个环形电流丝的半径与 z 坐标，并设环形电流丝的轴线与 z 轴重合。根据式(8)编制程序，即可得到待求场点处的感应强度 B 值。

3. 轴对称磁场中场图的绘制

在场域内，应用磁力线（即 B 线）可形象地描述磁场分布的状况，并由场线的疏密程度定性甚至定量地分析磁场的强弱。直接绘制 B 线工作量大，因此，实际中往往通过磁矢位 A 的数值等于定值的轨迹来描绘 B 线，这样可以极大地简化场图的绘制。

在轴对称磁场的描绘中，若令

$$rA = 常数 \tag{10}$$

则 rA 等于定值的轨迹即为 B 线。显然，由于 rA 为标量，以此描绘 B 线相当简便。实际中，为使 B 线分布的疏密度符合定量分析的需要，作图时，按 $\frac{1}{r}\Delta(rA) = C$（某一定值）的轨迹来绘制 B 线。

为了利用式(10)所示的关系绘制场图，必须求出磁矢位 A 的数值解。单个环形载流回路（图 3.1.3-1 所示）在任意点处的磁矢位的计算公式为

$$A = \frac{\mu_0 I}{\pi k} \sqrt{\frac{r_0}{r}} \left[\left(1 - \frac{1}{2} k^2 \right) K(k) - E(k) \right] \tag{11}$$

式中的 $K(k)$、$E(k)$ 和 k 分别由式(6)和式(7)给出。

对于载流螺线管的磁矢位的计算，可把其看做是 N 匝环形载流回路的组合。按照上述计算磁感应强度的方法，先将场源离散成 n 根电流丝，然后，应用叠加原理，求得待求场点处磁矢位的值为

$$A = \sum_{i=1}^{n} \frac{\mu_0 \Delta I_i}{\pi k} \sqrt{\frac{r_i}{r_p}} \left[\left(1 - \frac{1}{2} k^2 \right) K(k) - E(k) \right] \tag{12}$$

这里，k 可由式(9)算得。式中，r_p、z_p 为场点的 r 与 z 方向的坐标，r_i、z_i 为离散后的第 i 个环形电流丝的半径与 z 坐标，并设环形电流丝的轴线与 z 轴重合。

三、编程任务

图 3.1.3−3 所示为一载流螺线管线圈的剖面图。该线圈总匝数 $N = 1995$ 匝，通有电流 $I = 0.5$ A，线圈的内、外半径分别为 $R_1 = 2.7$ cm 和 $R_2 = 3.26$ cm，高度为 $h = 22.8$ cm。根据本节给出的计算方法，制订计算框图和编制计算程序，要求：

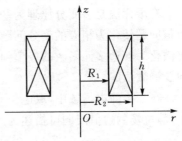

图 3.1.3−3　螺线管线圈剖面示意图

(1)应用积分公式(4)，计算载流螺线管线圈轴线上的磁场分布，并与实测值进行比较。

(2)用计算机描绘出载流螺线管轴线上磁感应强度沿轴线的变化曲线 $B(z)$（令线圈的中心为坐标原点）。

(3)应用积分公式(8)计算载流螺线管上任意点处的磁场。例如，计算场点 $P(r,z)$ 上的磁感应强度值。现选取 r 和 z 分别为

$$r = r_0 + 2 \times \Delta r$$

和

$$z = z_0 + 3 \times \Delta z$$

式中，r_0 与 z_0 为线圈中点的 r 与 z 方向的坐标值，Δr 和 Δz 分别为场点间沿 r 与 z 方向的步长。

(4)用计算机绘制螺线管磁场中的磁力线分布图。

参考文献[1, 20, 21]

3.1.4　应用有限元法求解整流子与同轴接地圆管之间的电场

一、实验目的

(1)掌握应用有限元法求解静电场边值问题的基本原理、方法和步骤。

(2)学会应用有限元法通用计算机程序计算简单的静电场边值问题。

二、方法原理

有限元法是以变分原理为基础的一种被广泛应用的数值方法。它是把给定的边值问题转化为相应的变分问题,即泛函求极值,然后,利用剖分插值,把变分问题离散化为普通多元函数的极值问题,最终归结为一组代数方程,解之即得待求边值问题的数值解。

在二维静电场域中,取电位 φ 为求解对象,那么,在各向同性、线性、均匀媒质中,静电场的边值问题可描述为

$$\begin{cases} \dfrac{\partial^2 \varphi}{\partial x^2} + \dfrac{\partial^2 \varphi}{\partial y^2} = -\dfrac{\rho}{\varepsilon} & \text{求解场域内} \\[2mm] \varphi\,|_{L_1} = f_1 & \text{第一类边界条件} \\[2mm] \dfrac{\partial \varphi}{\partial n}\bigg|_{L_2} = f_2 & \text{第二类边界条件} \\[2mm] \left(\varphi + \beta\dfrac{\partial \varphi}{\partial n}\right)\bigg|_{L_3} = f_3 & \text{第三类边界条件} \end{cases} \tag{1}$$

式中,ε 为媒质的介电常数,ρ 为媒质中的自由电荷密度。根据变分理论,上述边值问题的求解可转化为一个泛函求极值的问题,即等价变分问题。泛函的形式随不同的边界条件不同。实际问题中经常遇到的是非齐次第一类边界条件和齐次第二类边界条件,此时,相应的等价变分问题为

$$\begin{cases} F(\varphi) = \iint_S \dfrac{1}{2}\left\{\varepsilon\left[\left(\dfrac{\partial \varphi}{\partial x}\right)^2 + \left(\dfrac{\partial \varphi}{\partial y}\right)^2\right] - 2\rho\varphi\right\}\,\mathrm{d}x\,\mathrm{d}y = \min \\[3mm] \varphi\,|_{L_1} = f_1 \end{cases} \tag{2}$$

应用有限元法求解上述变分问题数值解的步骤如下。

1. 场域剖分

将连续场域剖分成有限个单元之和,给单元及结点编号。在二维场域中,常用

三角形单元或四边形单元剖分。图 3.1.4 - 1 为求解场域的三角形单元剖分。进行剖分以及对单元、结点编号时应注意：

①每个单元的顶点必须是相邻单元的顶点，不能是相邻单元边上的内点；

②每个边界单元只能有一条边落在边界曲线 Γ 上；

③应避免出现钝角三角形单元；

④所有单元结点均按逆时针顺序方向编号，如图 3.1.4 - 2 所示，单元 e 的三个结点顺序为 i,j,m，各结点的坐标分别为 $(x_i,y_i),(x_j,y_j),(x_m,y_m)$。

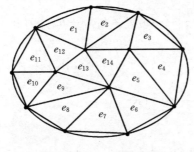
图 3.1.4 - 1　单元剖分

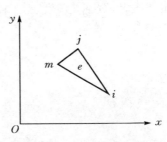
图 3.1.4 - 2　三角单元编号

⑤单元结点编号的不同，会影响到总刚度矩阵的带宽，应尽量使每一单元的结点编号数之差愈小愈好。

场域剖分完成后，泛函可用单元积分的总和表示，即

$$F(\widetilde{\varphi}) = \sum_{e=1}^{e_0} \iint_{S_e} \frac{1}{2} \left\{ \varepsilon \left[\left(\frac{\partial \widetilde{\varphi}}{\partial x} \right)^2 + \left(\frac{\partial \widetilde{\varphi}}{\partial y} \right)^2 \right] - 2\rho\widetilde{\varphi} \right\} \mathrm{d}x\,\mathrm{d}y \tag{3}$$

式中，S_e 为剖分单元的面积，e_0 为场域剖分单元数，$\widetilde{\varphi}$ 为剖分单元中待求电位函数，可用单元各结点电位的线性插值得到。

2. 构造插值函数

对单元 e，构造 $\widetilde{\varphi}$ 的线性插值函数，有

$$\widetilde{\varphi}^e = N_i^e \varphi_i + N_j^e \varphi_j + N_m^e \varphi_m \tag{4}$$

其中，φ_i、φ_j、φ_m 为单元三个结点的电位，N_i、N_j、N_m 为单元形状函数，且

$$\begin{cases} N_i^e = (a_i + b_i x + c_i y)/2\Delta \\ N_j^e = (a_j + b_j x + c_j y)/2\Delta \\ N_m^e = (a_m + b_m x + c_m y)/2\Delta \end{cases}$$

其中，

$$a_i = x_j y_m - x_m y_j \qquad a_j = x_m y_i - x_i y_m \qquad a_m = x_i y_j - x_j y_i$$

$$b_i = y_j - y_m \qquad\qquad b_j = y_m - y_i \qquad\qquad b_m = y_i - y_j$$

$$c_i = x_m - x_j \qquad\qquad c_j = x_i - x_m \qquad\qquad c_m = x_j - x_i$$

$\Delta = \dfrac{1}{2}(b_i c_j - b_j c_i)$ 为三角单元 e 的面积。

3. 单元分析和单元刚度矩阵

单元 e 内的场对整个泛函的贡献为

$$F_e \approx F_e(\widetilde{\varphi}^e) = \iint_{S_e} \frac{1}{2}\varepsilon\left[\left(\frac{\partial \widetilde{\varphi}^e}{\partial x}\right)^2 + \left(\frac{\partial \widetilde{\varphi}^e}{\partial y}\right)^2\right]\mathrm{d}x\,\mathrm{d}y - \iint_{S_e} \rho\widetilde{\varphi}^e\,\mathrm{d}x\,\mathrm{d}y \tag{5}$$

把式(4)代入上式,对其右端第一项有

$$\iint_{S_e} \frac{1}{2}\varepsilon\left[\left(\frac{\partial \widetilde{\varphi}^e}{\partial x}\right)^2 + \left(\frac{\partial \widetilde{\varphi}^e}{\partial y}\right)^2\right]\mathrm{d}x\,\mathrm{d}y = \frac{1}{2}\Big[\frac{\varepsilon}{4\Delta}(b_i\varphi_i + b_j\varphi_j + b_m\varphi_m)^2 +$$

$$\frac{\varepsilon}{4\Delta}(c_i\varphi_i + c_j\varphi_j + c_m\varphi_m)^2\Big]$$

$$= \frac{1}{2}\{\varphi\}_e^{\mathrm{T}}[K]_e\{\varphi\}_e \tag{6}$$

式中,

$$[K]_e = \frac{\varepsilon}{4\Delta}\begin{bmatrix} b_i b_i + c_i c_i & b_i b_j + c_i c_j & b_i b_m + c_i c_m \\ b_j b_i + c_j c_i & b_j b_j + c_j c_j & b_j b_m + c_j c_m \\ b_m b_i + c_m c_i & b_m b_j + c_m c_j & b_m b_m + c_m c_m \end{bmatrix}$$

$$= \begin{bmatrix} K_{ii}^e & K_{ij}^e & K_{im}^e \\ K_{ji}^e & K_{jj}^e & K_{jm}^e \\ K_{mi}^e & K_{mj}^e & K_{mm}^e \end{bmatrix}$$

这里,方阵 $[K]_e$ 表示三角单元 e 内的场对整个泛函贡献的离散矩阵,称为"单元刚度矩阵",它是一个对称矩阵,其元素的一般表达式为

$$K_{rs}^e = K_{sr}^e = \frac{\varepsilon}{4\Delta}(b_r b_s + c_r c_s) \quad (r, s = i, j, m) \tag{7}$$

对于式(5)右端第二项的离散化,为简化分析,假设:一是将三角单元内 $\widetilde{\varphi}^e$ 值近似地用该三角单元重心处的 $\widetilde{\varphi}_c^e$ 值予以代替,即 $\widetilde{\varphi}_c^e = (\varphi_i + \varphi_j + \varphi_m)/3$;二是电荷密度 ρ 也取三角单元重心处的值 ρ_c,这样第二项离散化为

$$-\iint_{S_e} \rho\widetilde{\varphi}^e\,\mathrm{d}x\,\mathrm{d}y = -\frac{\rho_c\Delta}{3}(\varphi_i + \varphi_j + \varphi_m) = -\{\varphi\}_e^{\mathrm{T}}[P]_e \tag{8}$$

式中,$[P]_e$ 为三阶矩阵,其元素的一般表达式为

$$P_l^e = \rho_c\Delta/3 \quad (l = i, j, m) \tag{9}$$

于是,式(5)离散化为

$$F_e = \frac{1}{2}\{\varphi\}_e^{\mathrm{T}}[K]_e\{\varphi\}_e - \{\varphi\}_e^{\mathrm{T}}[P]_e \tag{10}$$

4. 总体合成和总刚度矩阵

为了得到整个场域内泛函 $F(\varphi)$ 关于结点电位的离散表达式,首先应把各三角单元 e 所对应的泛函离散表达式(10)作适当的改写。把 $\{\varphi\}_e$ 扩充为 $\{\varphi\}$($\{\varphi\}$系由全部结点电位按结点编号顺序排成的一个 N 阶列阵,其中 N 为场域中结点数,各结点电位分别用 $\varphi_1,\varphi_2,\cdots,\varphi_N$ 表示);把 $[K]_e$ 扩充成 $[\overline{K}]_e$($[\overline{K}]_e$ 系在 $[K]_e$ 的基础上,按结点编号顺序展开行与列,构成 N 阶方阵,其中除行、列数分别为 i,j,m 时存在 9 个原 $[K]_e$ 的元素外,其余各行、列的元素都应为零元素);以及把 $[P]_e$ 扩充为 $[\overline{P}]_e$($[\overline{P}]_e$ 系在原三阶列阵 $[P]_e$ 基础上,按结点编号顺序展开行,构成 N 阶列阵,其中除行数为 i,j,m 时存在有三个原 $[P]_e$ 的元素外,其余各行元素都为零元素)。经过这样处理后,式(10)可改写为

$$F_e = \frac{1}{2}\{\varphi\}^{\mathrm{T}}[\overline{K}]_e\{\varphi\} - \{\varphi\}^{\mathrm{T}}[\overline{P}]_e \tag{11}$$

于是,整个场域内泛函 $F(\varphi)$ 就离散化为

$$F = \sum_{e=1}^{e_0} F_e = \frac{1}{2}\{\varphi\}^{\mathrm{T}}[K]\{\varphi\} - \{\varphi\}^{\mathrm{T}}[P] \tag{12}$$

式中,$[K]$ 可称为"总刚度矩阵"。它的元素由下式算得:

$$K_{ij} = \sum_{e=1}^{e_0} K_{ij}^e \qquad (i,j=1,2\cdots,N) \tag{13}$$

同样,关于激励源密度的离散矩阵 $\{P\}$,其元素为

$$P_i = \sum_{e=1}^{e_0} P_i^e \tag{14}$$

5. 有限元方程

由式(12)可见,泛函 $F(\varphi)$ 被离散成如下的多元二次函数的极值问题:

$$F(\varphi) = F(\varphi_1,\varphi_2,\cdots,\varphi_N) = \frac{1}{2}\{\varphi\}^{\mathrm{T}}[K]\{\varphi\} - \{\varphi\}^{\mathrm{T}}[P] = \min \tag{15}$$

根据函数极值理论,令 $\dfrac{\partial F}{\partial \varphi_i}=0(i=1,2,\cdots,N)$,由式(15)得

$$[K]\{\varphi\} = [P] \tag{16}$$

这是一非齐次的线性代数方程组,即有限元方程。

6. 强加边界条件的处理

求解有限元方程之前,必须对强加边界条件进行处理。

强加边界条件处理的方法因有限元方程的解法而异。若选用高斯消去法,则处理方法是:如果已知 n 号的结点为边界结点,其电位值给定为 $\varphi_n = \varphi_0$,这时,应

将主对角线元素 K_{nn} 置 1，n 行和 n 列的其他元素全部置零，而右端的 P_n 改为给定电位值 φ_0；其余各方程的右端要同时减去该结点电位值 φ_0 与未处理前对应的 n 列中的系数的乘积。这样，式(16)修改为

$$
\begin{bmatrix}
 & & & 0 & & & \\
 & & & 0 & & & \\
 & & & \vdots & & & \\
0 & 0 & \cdots & 1 & \cdots & 0 & 0 \\
 & & & \vdots & & & \\
 & & & 0 & & & \\
 & & & 0 & & &
\end{bmatrix}
\begin{bmatrix}
\varphi_1 \\
\varphi_2 \\
\vdots \\
\varphi_n \\
\vdots \\
\vdots \\
\varphi_N
\end{bmatrix}
=
\begin{bmatrix}
P_1 - K_{1n}\varphi_0 \\
P_2 - K_{2n}\varphi_0 \\
\vdots \\
\varphi_0 \\
\vdots \\
\vdots \\
P_N - K_{NN}\varphi_0
\end{bmatrix}
\tag{17}
$$

待求的代数方程组应为

$$
[K]\{\varphi\} = [P']
\tag{18}
$$

方程组(18)的解答，就是待求边值问题的有限元数值解 $\varphi_1, \varphi_2, \cdots, \varphi_N$。

7. 输出结果

求解有限元方程并输出计算结果。

有限元法通用计算程序框图如图 3.1.4 - 3 所示。

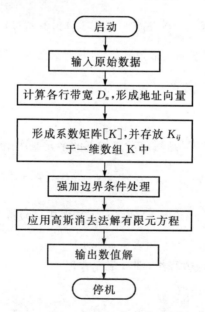

图 3.1.4 - 3 有限元法程序设计框图

一个半径为 R_1 的四片整流子与一个半径为 $R_2(R_2>R_1)$ 的接地圆管同轴,如图 3.1.4-4 所示,编写有限元法计算程序,求解其间的电位分布。

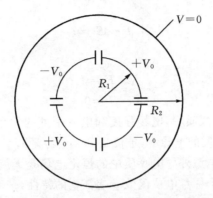

图 3.1.4-4 整流子与同轴接地圆管

参考文献[1, 2, 23, 24]

3.2 ANSYS Maxwell 2D/3D 工程软件仿真实验

3.2.1 分片均匀导电媒质内恒定电场的模拟研究

一、实验目的

(1)学习使用 ANSYS Maxwell 2D 工程软件直流传导电场求解器(DC Conduction)求解恒定电流场的方法。

(2)求解分片均匀导电媒质内恒定电场的电位分布,验证分界面上电位应满足的条件。

(3)求解两种不同导电媒质分界面上电场强度的切向分量及电流密度的法向分量,验证分界面上电场强度及电流密度应满足的边界条件。

二、原理与说明

电源以外导电媒质中恒定电场基本方程的积分形式与微分形式分别为

$$\oint_l \boldsymbol{E} \cdot \mathrm{d}\boldsymbol{l} = 0$$

$$\oint_s \boldsymbol{J} \cdot \mathrm{d}\boldsymbol{S} = 0$$

和

$$\nabla \times \boldsymbol{E} = 0$$

$$\nabla \cdot \boldsymbol{J} = 0$$

在各向同性的导电媒质中,电场强度和电流密度的关系为 $\boldsymbol{J} = \gamma \boldsymbol{E}$,$\boldsymbol{J}$ 与 $\boldsymbol{E}$ 的方向一致。γ 为导电媒质的电导率,单位是 S/m(西/米)。

由基本方程可知,电源外导电媒质中的恒定电场是无旋场,电流线是连续的。对于无旋场,可以用一个标量电位函数 φ 表征它的特性,φ 和电场强度之间满足如下关系:

$$\boldsymbol{E} = -\nabla \varphi$$

在各向同性的均匀导电媒质内,电位函数 φ 满足拉普拉斯方程

$$\nabla^2 \varphi = 0$$

如果恒定电场中的导电媒质是由电导率分别为 γ_1 和 γ_2 的两种媒质所组成的,那么,在两种媒质分界面上的衔接条件为

$$E_{1t} = E_{2t}$$

$$J_{1n} = J_{2n}$$

若用电位函数 φ 描述,则两种导电媒质分界面上的衔接条件为

$$\varphi_1 = \varphi_2$$

$$\gamma_1 \frac{\partial \varphi_1}{\partial n} = \gamma_2 \frac{\partial \varphi_2}{\partial n}$$

三、实验任务

(1)恒定电流场模型一如图 3.2.1-1 所示,其中,两种导电媒质的电导率分别为 γ_1 和 γ_2($\gamma_1 = 2\gamma_2$),它们在场域的对角线 L 上接合。电极间外施电压 10 V。用 ANSYS Maxwell 2D 求解由此两种导电媒质构成的二维恒定电流场的电位分布。验证分界面上的电位是否满足 $\varphi_1 = \varphi_2$。

(2)恒定电流场模型二如图 3.2.1-2 所示,其中,两种导电媒质的电导率分别

为 γ_1 和 $\gamma_2(\gamma_1=2\gamma_2)$，沿纵向衔接。电极间外施电压 10 V。用 ANSYS Maxwell 2D 求解两种不同导电媒质分界面上电场强度 E，验证分界面上电场强度应满足的边界条件。由于图 3.2.1-2 中，根据 $E=-\nabla\varphi$，E 只有切向分量，因此，在实验时，可在紧邻分界线的左右两侧定义两条直线，查看两直线上的电场强度 E 是否相等，以验证分界面上电场强度切向分量是否满足 $E_{1t}=E_{2t}$。

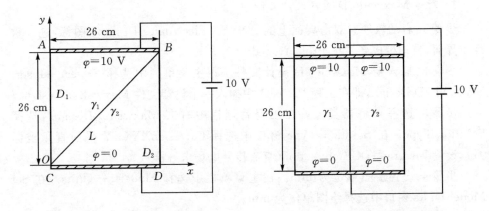

图 3.2.1-1　恒定电流场模型一　　　　图 3.2.1-2　恒定电流场模型二

（3）恒定电流场模型三如图 3.2.1-3 所示，其中，两种导电媒质的电导率分别为 γ_1 和 $\gamma_2(\gamma_1=2\gamma_2)$，沿横向衔接。电极间外施电压 10 V。用 ANSYS Maxwell 2D 求解两种不同导电媒质分界面上电流密度 J，验证分界面上电流密度应满足的边界条件。由于图 3.2.1-3 中，根据 $E=-\nabla\varphi$，E 仅有法向分量，根据 $J=\gamma E$，J 也仅有法向分量，因此，可在紧邻分界线的上下两侧定义两条直线，查看两直线上的电流密度 J 是否相等，以验证分界面上电流密度法向分量是否满足 $J_{1n}=J_{2n}$。

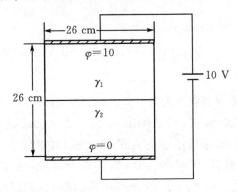

图 3.2.1-3　恒定电流场模型三

四、仿真提示

以图 3.2.1-1 中的恒定电流场模型为例,采用 ANSYS Maxwell 的直流传导电场进行仿真的步骤如下:

1. 新建 Maxwell 2D 项目设计文件

步骤 1:启动软件。双击桌面上的 ANSYS Electronics Desktop 图标,进入软件主界面,自动生成新工程 Project1. aedt。

步骤 2:插入新 Maxwell 2D 设计文件。在主菜单栏中选择 Project→Insert Maxwell 2D Design,即在工程 Project1 中插入一个设计文件 Maxwell2DDesign1。

步骤 3:选择求解器类型。在工程管理栏中右击 Maxwell2DDesign1,选择 Solution Type。在 Solution Type 窗口中选择 CartesianXY(XY 平面直角坐标系),设置 Electric>DC Conduction(直流传导电场求解器)。

步骤 4:设置绘图单位为 mm。在主菜单栏中选择 Modeler→Units。在 Set Model Units 窗口中选择绘图单位为 mm。

2. 绘制几何模型

图 3.2.1-1 所示的恒定电流场模型可由上、下两个三角形组成。

步骤 1:绘制上三角形 Polyline1。在主菜单栏中选择 Draw→Line。在屏幕右下角的坐标输入框中依次输入三角形顶点的坐标,形成一个闭合三角形曲线。具体地,输入第 1 点 (X,Y,Z)=(0,0,0),单击 Enter 键,第 2 点 (X,Y,Z)=(0,10,0),单击 Enter 键,第 3 点 (X,Y,Z)=(10,10,0),单击 Enter 键,第 4 点 (X,Y,Z)=(0,0,0),单击 Enter 键确定,再次单击 Enter 键,则完成上三角形 Polyline1 的绘制。

步骤 2:绘制下三角形 Polyline2。

步骤 3:在主菜单栏中选择 View→Fit All→All Views,显示场域所有模型。

3. 赋予材料属性

步骤 1:将上三角形材料设置为电导率 $\gamma_1 = 3.5 \times 10^7$ S/m 的新增材料 Material1。在工程树栏中双击 Polyline1,在 Attribute 窗口的 Material 右侧下拉框中选择 Edit,在 Select Definition 窗口中单击 Add Material 按钮。在 View/Edit Material 窗口中,新材料名称默认为 Material1,将其电导率 Bulk Conductivity 设置为 3.5e7,单击"OK"按钮。在 Select Definition 窗口中,选定新增材料 Material1,单击"确定"按钮,在 Attribute 窗口中单击"确定"按钮。

步骤 2：将下三角形材料设置为电导率 $\gamma_2 = 7 \times 10^7$ S/m 的新增材料 Material2[①]。

4. 施加激励和边界条件

步骤 1：对模型的上边界施加 10 V 电压。在主菜单栏中选择 Edit→Select Mode→Edges，单击上三角形 Polyline1 的上边界，将其选中。在工程绘图区中单击鼠标右键，选择 Assign Excitation→Voltage。在 Voltage Excitation 窗口中输入 Value 为 10 V。

步骤 2：对模型的下边界施加 0 V 电压。

注意：这里没有绘制电极板，因为 Maxwell 软件允许在边（Edges）上施加电压值。

5. 设置网格剖分

可直接采用默认网格剖分。

6. 求解计算

步骤 1：设置求解选项。在工程管理栏中右击 Analysis，选择 Add Solution Setup。在 Solve Setup 窗口中保持默认设置不变。也可以在主菜单 Maxwell 2D 的下拉菜单中进入求解选项窗口。

步骤 2：检验模型。在主菜单栏中选择 Maxwell 2D→Validation Check。

步骤 3：启动分析计算。在工程管理栏中右击 Analysis，选择 Analyze All 启动分析。也可以在主菜单 Maxwell 2D 的下拉菜单中选择启动分析计算。

步骤 4：查看收敛情况。在工程管理栏中右击 Analysis 下的 Setup1，选择 Convergence，可查看收敛情况，如图 3.2.1-4 所示。

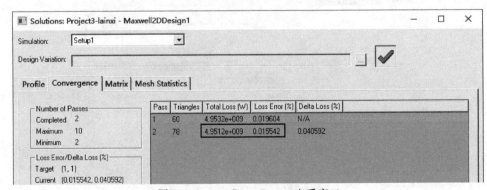

图 3.2.1-4　Convergence 查看窗口

---

① 石墨的电导率为 7×10^7 S/m；铝的电导率为 3.82×10^7 S/m。

7. 后处理

步骤1:查看沿线电位分布。

(1)创建一条平行于 X 轴且经过两种媒质的直线 Polyline3。在主菜单栏中选择 Draw→Line,弹出如图 3.2.1-5 所示窗口,选择"是(Y)",表示所绘制直线并非模型对象。在坐标输入框中输入起点坐标(X=0,Y=5,Z=0),单击 Enter 键,接着输入终点坐标(X=10,Y=5,Z=0),单击 Enter 键确定,再次单击 Enter 键完成绘制。

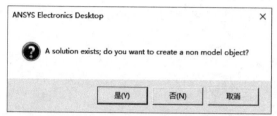

图 3.2.1-5　是否创建非模型对象窗口

(2)查看沿直线 Polyline3 上的电位分布。在工程管理栏中右击 Results,选择 Create Fields Report→Rectangular Plot。在 Report 窗口(如图 3.2.1-6 所示)中设置 Geometry:Polyline3、Category:Calculator Expressions、Quantity:Voltage,单击 New Report,即可显示沿线 Polyline3 的电压变化曲线,如图 3.2.1-7 所示。

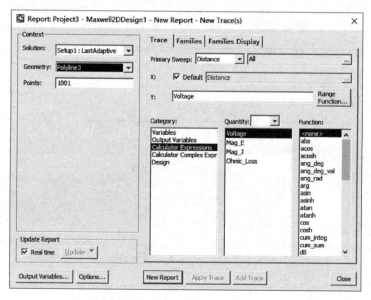

图 3.2.1-6　Report 窗口

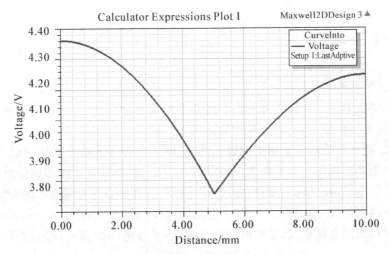

图 3.2.1-7　沿线 Polyline3 的电压变化曲线

步骤 2:查看沿线 Polyline3 的电场强度 E 和电流密度变化曲线。同步骤 1。

五、注意事项

对于图 3.2.1-1 的恒定电流场模型,建模时,若绘制一个正方形及其对角线,则无法设置两种不同媒质,ANSYS Maxwell 只能设定封闭区域的材料属性。

参考文献[7,25]

3.2.2　静电屏蔽、磁屏蔽及电磁屏蔽的仿真研究

一、实验目的

(1)学习应用场的观点分析静电屏蔽、磁屏蔽及电磁屏蔽。

(2)通过仿真帮助学生进一步掌握静电屏蔽、磁屏蔽及电磁屏蔽的特点。

(3)学习 ANSYS Maxwell 2D 工程软件 Electrostatic(静电场)、Magnetostatic(静磁场)及 Eddy Current(涡流场)求解器的使用方法。

二、原理与说明

1. 静电屏蔽

静电屏蔽利用了导体在静电场中达到平衡状态时具有的性质：导体内的电场为零，导体是等位体，电荷只分布在导体表面。

因此，把一不带电的金属空腔放入外电场后，在导体上将产生感应电荷，感应电荷在外电场的作用下发生移动，形成感应电场。在金属空腔内部感应电场恰好抵消原来的电场，在达到平衡状态时感应电荷将全部分布于金属空腔的外壁，金属腔内合成的电场为零，如图3.2.2-1所示。这样，不论外电场如何变化，对任何形状及任何材质的金属空腔，其内电场总是零，不受外电场的影响，起到了静电屏蔽的作用。

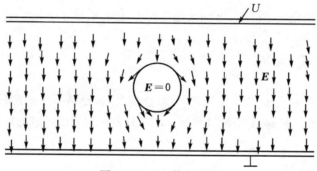

图 3.2.2-1　静电屏蔽

2. 磁屏蔽

磁屏蔽主要利用高导磁率材料具有低磁阻的特性，将其制成有一定厚度的外壳，起到磁分路作用，使壳内设备少受磁干扰，达到磁屏蔽。

把长直圆柱形磁屏蔽管放入两个无限大恒定电流片之间的均匀磁场 H_0 中，如图3.2.2-2所示。磁屏蔽管内径为 R_2，外径为 R_1，磁导率为 μ，则磁屏蔽管内的磁场强度 H 为

$$H = \frac{4}{\dfrac{\mu}{\mu_0} \times \left(1 - \dfrac{R_2^2}{R_1^2}\right)} H_0 \tag{1}$$

由公式(1)可知，磁屏蔽管内的磁场强度 H 与磁屏蔽管材料的磁导率 μ、内外半径及外磁场 H_0 相关。

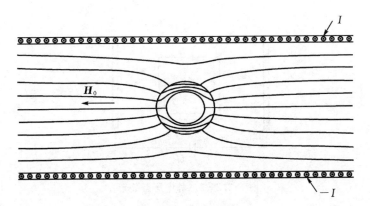

图 3.2.2－2　磁屏蔽

3. 电磁屏蔽

电磁屏蔽一是利用电磁波在金属表面产生涡流,从而抵消原来的磁场;二是利用电磁波在金属表面产生反射损耗和透射波在金属内的传播过程中产生吸收损耗,达到屏蔽的作用。

当电磁波进入导体后,波的振幅沿导体的纵深按 $e^{-\alpha x}$ 衰减,愈深入导体内部,波的振幅愈小,这种现象称为集肤效应。工程上常用透入深度

$$d = \frac{1}{\alpha} = \sqrt{\frac{2}{\omega\mu\gamma}} \tag{2}$$

来表示波在良导体中的集肤程度。当导体的厚度 h 接近于它的透入深度的 $3\sim6$ 倍,即 $h \approx 2\pi d$ 时,电磁波实际上不能透过。

电磁屏蔽的效能,用屏蔽系数 S 表示,

$$S = \frac{H}{H_0} \tag{3}$$

其中,H_0 为不存在屏蔽体时空间防护区的磁场强度,H 为存在屏蔽体时空间防护区的磁场强度。

三、实验任务

(1)如图 3.2.2－3 所示,两金属极板间外接电压源电压 $U_0 = 100$ V,极板间放置一矩形金属空腔。用 ANSYS Maxwell 2D 静电场求解器仿真计算在金属空腔分别由铜、铁两种不同金属材料制成时,空腔内的电场强度及电位值(见表 3.2.2－1)。

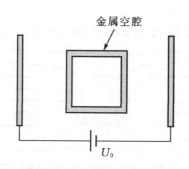

图 3.2.2-3　静电屏蔽装置

表 3.2.2-1　不同材料金属空腔中心点处的电场强度和电位

材料	电场强度/(V·m^{-1})	电位/V
铜		
铁		

(2)用 ANSYS Maxwell 2D 静磁场求解器仿真计算两有限大恒定电流片之间放置不同材料制成的圆柱管时,管内的磁场强度 H,根据仿真结果讨论 H 与相对磁导率 μ_r 的关系(见表 3.2.2-2)。圆柱管材料的磁导率分别取 $\mu=\mu_0$、$\mu=100\mu_0$ 及 $\mu=1000\mu_0$[①]。可设两电流片的几何尺寸远大于两电流片之间的距离。

表 3.2.2-2　不同材料圆柱管中心点处的磁场强度

相对磁导率 μ_r	1	100	1000
磁场强度/(mA·m^{-1})			

(3)若上述任务(2)中圆柱管的厚度变化,请仿真管内的磁场强度 H,根据仿真结果讨论 H 随圆柱管厚度变化的情况(见表 3.2.2-3)。设圆柱管材料磁导率为 $\mu=100\mu_0$。

表 3.2.2-3　不同厚度圆柱管中心点处的磁场强度

圆柱管外径/mm	10		
圆柱管内径/mm	8	6	4
磁场强度/(μA·m^{-1})			

结论:圆柱管内的磁场强度 H 与管厚成_____。(正比/反比)

---

①　真空磁导率为 $\mu_0=4\pi\times10^7$ H/m,铝、银、木材及石蜡等相对磁导率 $\mu_r\approx1$,铁粉相对磁导率 $\mu_r=100$,铁氧体相对磁导率 $\mu_r=1000$,纯铁相对磁导率 $\mu_r=4000$。

(4)若图 3.2.2－3 中的两个金属极板为两平行的汇流排,其中通有大小相等方向相反的交变电流 $i(t)$。用 ANSYS Maxwell 2D 涡流场求解器分别求解金属腔材料的相对磁导率 μ_r 以及电导率 γ 改变时,屏蔽系数 S 与 μ_r、γ 的关系(见表 3.2.2－4)。可假设电流 $I=10$ A。

表 3.2.2－4　屏蔽系数 S 与 μ_r、γ 的关系

材料	相对磁导率 μ_r	电导率 $\gamma/(\text{S} \cdot \text{m}^{-1})$	圆柱管中心点磁场强度/($\mu\text{A} \cdot \text{m}^{-1}$)	屏蔽系数 S
铝	1	3.82×10^7		
银	1	6.17×10^7		
铁	4000	1.03×10^7		
铁氧体	1000	100		

结论:屏蔽系数 S 与圆柱管材料的 μ_r、γ 成_____。(正比/反比)

四、仿真提示

以图 3.2.2－3 中的静电屏蔽装置模型为例,仿真步骤如下:

1. 新建 Maxwell 2D 项目设计文件

选择坐标系为 CartesianXY(XY 平面直角坐标系),求解器为 Electric＞Electrostatic(静电场),绘图单位为 mm。

2. 绘制图 3.2.2－3 所示的静电屏蔽装置的几何模型

步骤 1:绘制左极板 plate1。在主菜单栏中选择 Draw→Rectangle,输入起始顶点 $(X,Y,Z)=(-21,-20,0)$,单击 Enter 键,输入对角顶点 $(dX,dY,dZ)=(1,40,0)$,单击 Enter 键确定,再次单击 Enter 键。在工程树栏中双击 Rectangle1,更改 Name 属性为 plate1,更改 Color 属性为黄色。

步骤 2:通过复制左极板 plate1 生成右极板 plate2。在工程树栏中右击 plate1,选择 Edit → Duplicate→Along line,在坐标输入框中输入直线起点 $(X,Y,Z)=(0,0,0)$,单击 Enter 键确定,输入终点 $(dX,dY,dZ)=(40,0,0)$,单击 Enter 键,在图 3.2.2－4 所示的 Duplicate along line 窗口中设定 Total number 为 2,单击"OK"键,生成 plate1_1,更名为 plate2。

步骤 3:绘制金属空腔。可绘制两个以坐标原点为中心的正方形 Rectangle1 和 Rectangle2 作为金属空腔模型。

步骤 4:绘制求解域 Region。在主菜单栏中选择 Draw→Region,在弹出窗口中选择 Pad all directions similarly,将 Value 设为 100。

3. 赋予材料属性

左极板 plate1 和右极板 plate2 材料属性均设置为 copper,空腔内 Rectangle1、

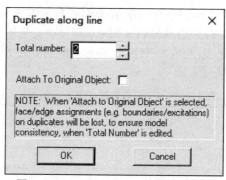

图 3.2.2－4　Duplicate along line 窗口

空腔壁 Rectangle2 以及求解域 Region 的材料属性分别设置为 air、copper 和 air。

4．施加激励和边界条件

步骤 1：为左极板 plate1 施加 100 V 电压激励。在工程树栏中右击 plate1，选择 Assign Excitation→Voltage。在 Voltage Excitation 窗口中输入 Value 值为 100 V。

步骤 2：设置右极板 plate2 电压为 0 V。

步骤 3：给求解域 Region 施加 Balloon 边界。在主菜单栏中选择 Edit→Select Mode→Edges，选中 Region 的所有边。在工程绘图区中单击鼠标右键，选择 Assign Boundary→Balloon。在 Balloon Boundary 窗口中单击"确定"。

注意，Balloon 边界有两种：Voltage 气球边界，模拟无穷远处电压为零的情况；Charge 气球边界，模拟无穷远处的电荷与求解域内的电荷相等，即强制总电荷为零。

5．设置网格剖分

可直接采用默认网格剖分。

6．求解计算

步骤 1：求解选项保持为默认设置。

步骤 2：检测模型。

步骤 3：启动分析计算。

7．后处理

步骤 1：查看场域内电场强度分布。按 Ctrl＋A 键，选定整个求解域，单击鼠标右键，选择 Fields→E→Mag_E。在 Create Field Plot 窗口中单击 Done，即可显示场域电场强度分布云图，如图 3.2.2－5 所示。

步骤 2：查看某点处电场强度 E 和电位 Voltage。

方法 1：① 创建点 Point1。在主菜单栏中选择 Draw→Point，输入点坐标，生成点 Point1。② 查看定义点 Point1 的场量。在工程管理栏中右击 Results，选择 Create Fields Report→Data Table。在 Report 窗口的 Geometry 下拉框中选择

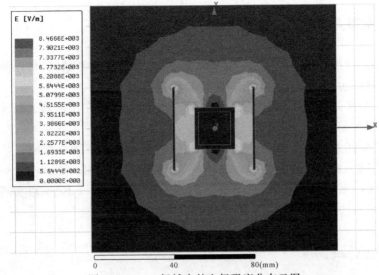

图 3.2.2 - 5　场域内的电场强度分布云图

Point1,在 Quantity 下方框中选择 Mag_E 或电位 Voltage,单击 New Report,即可看到点 Point1 处电场强度值或电位值。

　　方法 2:在标量场分布图中单击鼠标右键,选择 Fields→ Marker→ Add Marker。在需要添加标记的点处单击,或在坐标输入框中输入点的坐标值,单击 Enter 键,在绘图区右上方即可显示点的坐标以及该点处的场量值列表。重复输入多点坐标值,列表会自动追加对应信息,如图 3.2.2 - 6 所示。

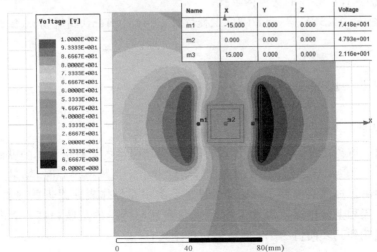

Name	X	Y	Z	Voltage
m1	-15.000	0.000	0.000	7.418e+001
m2	0.000	0.000	0.000	4.793e+001
m3	15.000	0.000	0.000	2.116e+001

图 3.2.2 - 6　标记点及其对应的坐标和场量值

五、注意事项

(1)在采用静磁场求解器或涡流场求解器时,若场域为开域场,可以将场域边界设定为气球边界(Balloon)。

(2)绘制圆时,在主菜单栏中选择 Draw→Circle,然后在坐标输入框输入圆心点坐标和圆半径。

(3)实验任务(3)中圆柱管厚度的变化可以采用增大或缩小管的内半径来实现。具体方法如下:选定圆柱管内边界,在主菜单中选择 Modeler→Edge→Move Edge,在 Distance 栏中输入内半径增大或缩小值即可。Move Edge 可实现使选定边沿其法向移动指定的距离。

参考文献[25, 26]

3.2.3 集肤效应及邻近效应的研究

一、实验目的

(1)通过仿真帮助学生进一步掌握集肤效应、邻近效应的特点。
(2)仿真计算导体的交流内阻抗。
(3)学习 ANSYS Maxwell 2D 工程软件 Eddy Current(涡流场)求解器的使用方法。

二、原理与说明

1. 集肤效应

在时变电磁场中,电流密度、电场强度和磁场强度的振幅沿导体的纵深都按指数规律 $e^{-\alpha x}$ 衰减,即愈深入导体的内部,场量愈小。当频率很高时,场量几乎只在导体表面附近一薄层中存在。这种场量主要集中在导体表面附近的现象,称为集肤效应。工程上常用透入深度 d 表示场量在良导体中的集肤程度。d 定义为场量振幅衰减到其表面值的 $1/e$ 时所经过的距离,即

$$e^{-ad} = e^{-1} \qquad d = \frac{1}{a} \tag{1}$$

在良导体情形下，d 的计算公式近似为

$$d = \frac{1}{\alpha} = \sqrt{\frac{2}{\omega\mu\gamma}} \tag{2}$$

由公式(2)可知，频率越高、导电和导磁性能越好的导体，集肤效应越显著。

2. 邻近效应

在时变电磁场中，相互靠近的导体不仅处于自身电流产生的电磁场中，同时还处于其它导体电流所产生的电磁场中。这时各个导体中的场量分布和它单独存在时不同，会受到邻近导体的影响，这种现象称为邻近效应。频率越高，导体靠得越近，邻近效应越显著。

邻近效应与集肤效应共存，它会使导体中的电流分布更不均匀。

3. 导体的交流内阻抗

在交流情况下，由于集肤效应的出现，电流和电磁场在导体内部的分布集中于导体表面附近。导体的实际载流截面积减小，因此，导体的电阻和内电感与直流时不同。设导体中通有总电流为 $\dot{I}$，导体吸收的复功率为

$$-\oint_s (\dot{E} \times \dot{H}^*) \cdot \mathrm{d}S = P + \mathrm{j}Q \tag{3}$$

则导体的交流电阻 R_a 和电感 L_a 可由下式计算得到：

$$R_a = \frac{P}{I^2} \qquad L_a = \frac{Q}{\omega I^2} \tag{4}$$

式中，ω 为电源角频率。

三、实验任务

(1)有一单根实心圆截面输电线通以 1 A 交流电流。采用 ANSYS Maxwell 2D 的 Eddy Current(涡流场)求解器仿真求解：

① 当输电线半径 $a = 4$ mm，材料为铜，工作频率分别为 $f = 50$ Hz、500 Hz 和 5000 Hz 时，输电线横截面上的电流密度分布及其单位长度交流电阻(表 3.2.3-1)。

表 3.2.3-1　不同频率时输电线的交流电阻

频率/Hz	50	500	5000
交流电阻/($\Omega \cdot \mathrm{m}^{-1}$)			

② 当输电线工作频率 $f = 5000$ Hz，半径 $a = 4$ mm，电导率 $\gamma = 10^7$ S/m，相对磁导率分别为 $\mu_r = 1, 100, 1000$ 和 4000 时，输电线横截面上的电流密度分布及其

单位长度交流电阻(表 3.2.3 - 2)。

表 3.2.3 - 2   不同相对磁导率时输电线的交流电阻

相对磁导率	1	100	1000	4000
交流电阻/($\Omega \cdot m^{-1}$)				

③当输电线工作频率 $f = 5000$ Hz,半径 $a = 4$ mm,磁导率 $\mu = 1000 \mu_0$,电导率分别为 $\gamma = 10^7, 2 \times 10^7, 4 \times 10^7, 6 \times 10^7$ S/m 时,输电线横截面上的电流密度分布及其单位长度交流电阻(表 3.2.3 - 3)。

表 3.2.3 - 3   不同电导率时输电线的交流电阻

电导率/($S \cdot m^{-1}$)	10^7	2×10^7	4×10^7	6×10^7
交流电阻/($\Omega \cdot m^{-1}$)				

(2)将(1)中的实心圆截面输电线用多股绞线圆截面输电线替换,重新进行仿真计算,并将计算结果填入表 3.2.3 - 4—表 3.2.3 - 6 中。

表 3.2.3 - 4   不同频率时输电线的交流电阻

频率/Hz	50	500	5000
交流电阻/($\Omega \cdot m^{-1}$)			

表 3.2.3 - 5   不同相对磁导率时输电线的交流电阻

相对磁导率	1	100	1000	4000
交流电阻/($\Omega \cdot m^{-1}$)				

表 3.2.3 - 6   不同电导率时输电线的交流电阻

电导率/($S \cdot m^{-1}$)	10^7	2×10^7	4×10^7	6×10^7
交流电阻/($\Omega \cdot m^{-1}$)				

(3)两条平行的汇流排,横截面为矩形,如图 3.2.3 - 1 所示,其中通以大小相等、方向相反的交变电流。导线宽 $a = 2$ mm,高 $b = 20$ mm,导线间距离 $d = 4$ mm,导线的电导率 $\gamma = 10^7$ S/m,磁导率 $\mu = 250 \mu_0$。当频率分别为 $f = 50$ Hz,500 Hz,5000 Hz 时,仿真计算汇流排横截面上的电流密度分布及其交流电阻(表 3.2.3 - 7)。

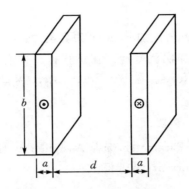

图 3.2.3-1　汇流排示意图

表 3.2.3-7　不同频率时汇流排的交流电阻

频率/Hz	50	500	5000
交流电阻/($\Omega \cdot m^{-1}$)			

四、仿真提示

以实验任务(1)的单根圆截面输电线模型为例,计算其交流电阻的步骤如下:

1. 新建 Maxwell 2D 项目设计文件

选择坐标系为 CartesianXY(XY 平面直角坐标系),求解器为 Magnetic>Eddy Current(涡流场),绘图单位为 mm。

2. 绘制几何模型

步骤 1:绘制输电线模型 Circle1。绘制半径为 4 mm 的圆 Circle1 作为输电线模型。

步骤 2:绘制求解域 Region。

3. 赋予材料属性

步骤 1:设置输电线 Circle1 材料为 copper(铜)。

步骤 2:设置求解域 Region 材料为 air(空气)。

4. 施加激励和边界条件

步骤 1:给输电线施加 1 A 电流。在工程树栏中右击 Circle1,选择 Assign Excitation→Current。在 Current Excitation 窗口中输入 Value:1A,Phase:0,Type:Solid(实体导线),Ref. Direction:Positive。

注意:Type 选为 Solid 时,计及导体涡流效应;选为 Stranded 时,忽略导体涡流效应。

步骤2:给求解域 Region 施加 Balloon 边界条件。

步骤3:给输电线施加涡流效应。在工程树栏中右击 Circle1,选择 Assign Excitation→Set Eddy Effects。在 Set Eddy Effect 窗口中勾选 Eddy Effect 复选框。

5.设置求解阻抗矩阵参数

在工程管理栏中右击 Parameter,选择 Assign→Matrix。在 Matrix 窗口中勾选输电线上添加的电流 Current1 复选框。

6.设置网格剖分

可直接采用默认网格剖分。

7.求解计算

步骤1:设置求解选项。在工程管理栏中右击 Analysis,选择 Add Solution Setup。在 Solve Setup 窗口中,General 选项卡保持默认设置,在 Solver 选项卡下将 Adaptive Frequency 修改为 50 Hz。

步骤2:检测模型。

步骤3:启动分析计算。

8.后处理

步骤1:查看输电线横截面电流密度 J 的分布云图。在工程树栏中右击 Circle1,选择 Fields→J→JAtPhase。在图 3.2.3-2 所示的 Create Field Plot 窗口中单击"Done",即可显示输电线横截面电流密度分布云图,如图 3.2.3-3 所示。

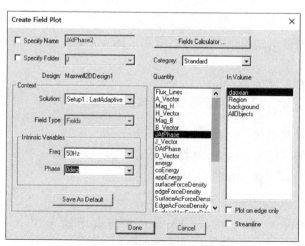

图 3.2.3-2　Create Field Plot 窗口

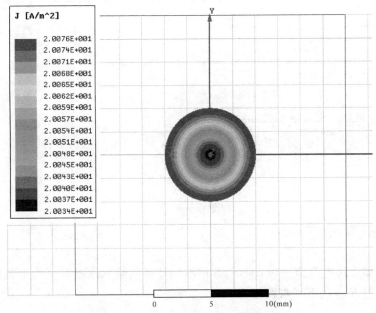

图 3.2.3 - 3　输电线中的电流密度分布

　　步骤 2：查看输电线的交流电阻。在工程管理栏中右击 Results，选择 Solution Data，即可弹出图 3.2.3 - 4 所示的窗口，其默认选项卡为 Matrix，可以查看到输电线阻抗实部（即交流电阻）为 0.000 346 14 Ω/m。点击图中的 Loss 选项卡，可查看输电线每米长度的有功功率，如图 3.2.3 - 5 所示，其值为 0.000 173 07 W。

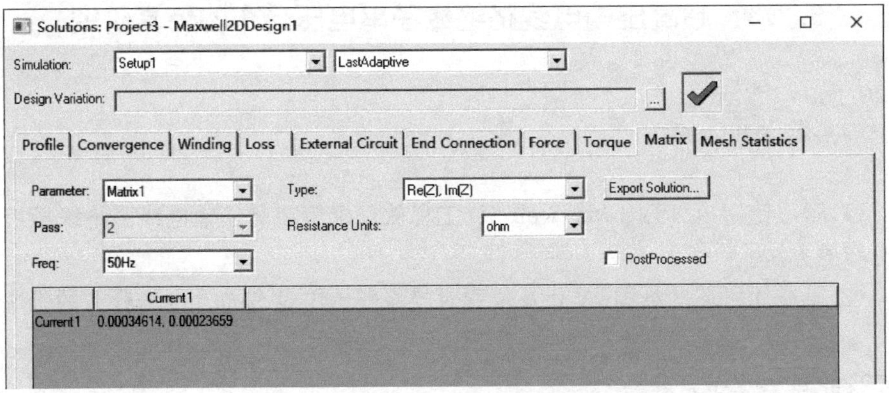

图 3.2.3 - 4　Solutions 窗口的 Matrix 选项卡

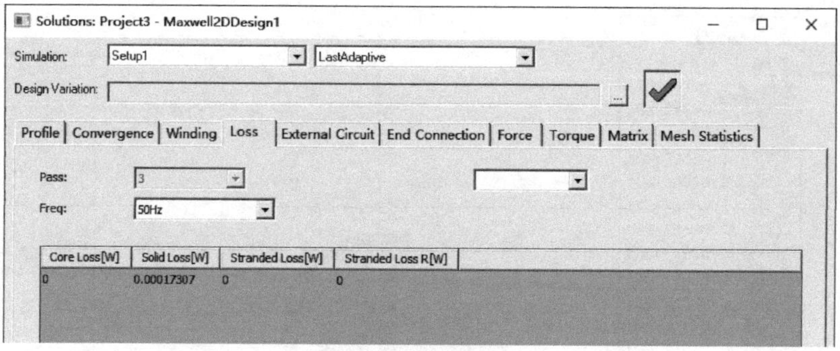

图 3.2.3 - 5　Solutions 窗口的 Loss 选项卡

五、注意事项

在施加交流电流激励时，ANSYS Maxwell 默认输入的电流值为电流峰值，因此交流电阻 R_{AC} 按下式求解

$$R_{AC} = \frac{P}{I_{RMS}^2} = \frac{2P}{I_{Peak}^2}$$

式中，P 为有功功率，I_{RMS}、I_{Peak} 分别为电流有效值和电流峰值。

参考文献[2, 25, 26]

3.2.4　超高压输电线路绝缘子串电压分布的仿真研究

一、实验目的

(1)学习使用 ANSYS Maxwell 3D 工程软件求解超高压输电线路绝缘子串电压分布的方法。

(2)研究均压环的结构、尺寸及位置对绝缘子串电位分布及电场分布的影响。

二、原理与说明

超高压线路单、双联绝缘子悬垂串如图 3.2.4 - 1 所示，其电压分布受绝缘子的造型、绝缘子串的高度、均压环的布置以及金具结构的影响。由于超高压输电线路杆塔较高、绝缘子串较长，故绝缘子串电压分布会更不均匀，因此，对绝缘子串电压分布的研究是工程设计和应用中不可缺少的部分。本实验项目拟采用 ANSYS Maxwell 3D 工程软件，对 500 kV 超高压输电线路复合绝缘子串电压分布进行数值计算和分析研究，提出降低绝缘子电压分担率的优化设计方案，避免发生强烈的电晕放电现象。

图 3.2.4-1 超高压线路单、双联绝缘子悬垂串

软件采用有限元法求解绝缘子串电压分布，对应的边值问题为：

$$\begin{cases} \nabla^2 \varphi = 0 & \text{整个场域} \\ \varphi \mid_{s_1} = f_1(p) & \text{第一类边界} \\ \dfrac{\partial \varphi}{\partial n} \mid_{s_2} = f_2(p) & \text{第二类边界} \end{cases}$$

其中，第一类边界包括：高压端、母线等的电位，取 449 kV；低压端电位，取 0 V。第二类边界包括：对称面，且取齐次第二类边界。

三、实验任务

(1)在 ANSYS Maxwell 3D 中建立 500 kV 交流复合绝缘子串模型。假设杆塔高为 3300 cm、宽 400 cm、厚 50 cm，横担长 1000 cm、宽 400 cm、厚 50 cm。输电线路为四分裂导线，导线半径为 1.4 cm。复合绝缘子仿真参数如表 3.2.4-1 所示[29]。绝缘子的伞裙结构如图 3.2.4-2 所示。输电导线的金具-间隔棒结构如

图 3.2.4 - 3 所示。

表 3.2.4 - 1 绝缘子主要参数

基本信息	仿真参数
绝缘子结构长度/cm	445
芯棒直径/cm	2.4
护套厚度/cm	0.6
大、小伞直径/cm	17、8.4
大伞间距/cm	8
均压环直径/cm	40
均压环管直径/cm	6
屏蔽深度/cm	5
硅橡胶介电常数	3.5
芯棒相对介电常数	5
空气相对介电常数	1.006

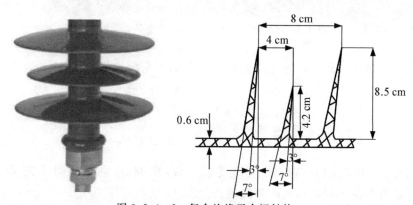

图 3.2.4 - 2 复合绝缘子伞裙结构

(2)求解模型,采集绝缘子悬垂串上的电位值,绘出电位分布曲线。

(3)对求解的电位分布及电场分布特性进行分析研究,并形成研究报告。

(4)研究均压环的结构尺寸及位置对绝缘子串电位分布和电场分布的影响,提出合理的改进方案。

图 3.2.4-3 间隔棒结构

四、仿真提示

1. 新建 Maxwell 3D 项目设计文件

步骤 1:启动软件。

步骤 2:插入新的 Maxwell 3D 设计文件。在主菜单栏中选择 Project→Insert Maxwell 3D Design,即在工程 Project1 中插入一个设计文件 Maxwell3DDesign1。

步骤 3:选择求解器类型。在工程管理栏中右击 Maxwell3DDesign1,选择 Solution Type。在 Solution Type 窗口中选择 Electric＞Electrostatic(静电场)求解器。

步骤 4:设置绘图单位。在主菜单栏中选择 Modeler→Units,在 Set Model Units 窗口中选择单位 cm。

2. 绘制几何模型

步骤 1:设置 YOZ 平面为绘图平面。在主菜单栏中选择 Modeler→Grid Plane →YZ。

步骤 2:绘制图 3.2.4-4 所示的间隔棒 Spacer。

(1)绘制 Box1。在主菜单栏中选择 Draw→Box,设置(X,Y,Z)=(-1,-12.5,-12.5),(dX,dY,dZ)=(2,25,25)。

(2)绘制 Box2。在主菜单栏中选择 Draw→Box,设置(X,Y,Z)=(-1,-2,-31),(dX,dY,dZ)=(2,4,62)。

①倒圆角。选中 Box2 顶端的两个长边,在主菜单栏中选择 Modeler→Fillet。在 Fillet Properties 窗口中设置 Fillet Radius 为 1 cm,如图 3.2.4-5 所示。同理,

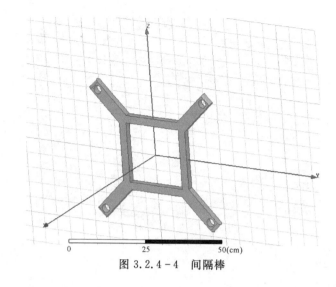

图 3.2.4-4　间隔棒

将 Box2 底端两个长边倒圆角。

②将 Box2 绕 X 轴旋转 45°。在工程树栏中右击 Box2,选择 Edit→Arrange→Rotate。在 Rotate 窗口中设置 Axis 为 X 轴,Angle 为 45°,如图 3.2.4-6 所示。

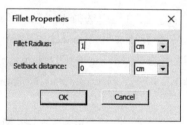

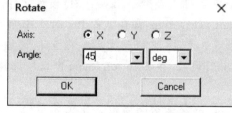

图 3.2.4-5　Fillet Properties 窗口　　　图 3.2.4-6　Rotate 窗口

③将 Box2 绕 X 轴旋转 90°复制生成 Box2_1。在工程树栏中右击 Box2,选择 Edit→Duplicate→Around Axis。在 Duplicate Around Axis 窗口中设置 Axis 为 X 轴,Angle 为 90°,Total number 为 2,如图 3.2.4-7 所示。

(3)生成组合 Box1。在工程树栏中依次选中 Box1、Box2 以及 Box2_1,单击鼠标右键,选择 Edit→Boolean→Unite,生成组合 Box1。

(4)绘制 Box3。在主菜单栏中选择 Draw→Box,设置(X,Y,Z)=(-1,-10,-10),(dX,dY,dZ)=(2,20,20)。

(5)生成无穿孔间隔棒 Box1。在工程树栏中依次选中 Box1 和 Box3,单击鼠标右键,选择 Edit→Boolean→Subtract。在图 3.2.4-8 所示的 Subtract 窗口中点击"OK"按钮。

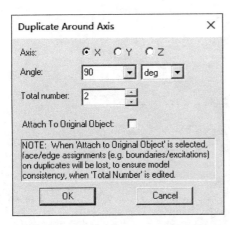

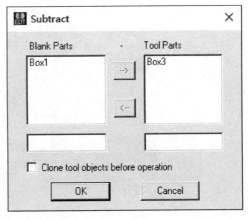

图 3.2.4 - 7　Duplicate Around Axis 窗口　　　图 3.2.4 - 8　Subtract 窗口

(6)生成间隔棒 Spacer。

①绘制圆柱体 Cylinder1,并绕 X 轴旋转复制生成间隔角为 $90°$ 的 3 个圆柱体 Cylinder1_1、Cylinder1_2、Cylinder1_3。在主菜单栏中选择 Draw→Cylinder,设置 $(X,Y,Z)=(-1,20,20)$,$(dX,dY,dZ)=(2,1.4,0)$。选择 Edit→Duplicate→Around Axis,绕 X 轴复制生成 4 个圆柱体。

②生成有穿孔间隔棒 Spacer。在工程树栏中依次选中 Box1 和 4 个圆柱体模型,单击鼠标右键,选择 Boolean→Subtract,用 Box1 减去 4 个圆柱体,生成新组合 Box1,更名为 Spacer。

步骤 3:绘制导线 Wires。在主菜单栏中选择 Draw→Cylinder,设置 $(X,Y,Z)=(-1000,20,20)$,$(dX,dY,dZ)=(2000,1.4,0)$,选择 Edit→Duplicate→Around Axis,绕 X 轴旋转复制 4 根导线,如图 3.2.4 - 9 所示。

步骤 4:绘制绝缘子。

(1)绘制 2D(二维)芯棒 Core。在主菜单栏中选择 Draw→Rectangle,设置 $(X,Y,Z)=(0,0,30)$,$(dX,dY,dZ)=(0,1.2,445)$,更名为 Core。

(2)绘制 2D 护套 Sheath。在主菜单栏中选择 Draw→Rectangle,设置 $(X,Y,Z)=(0,1.2,30)$,$(dX,dY,dZ)=(0,0.6,445)$,更名为 Sheath。

(3)绘制 2D 大伞裙单元 Umbrella_L。以三角形作为大伞裙单元模型,在主菜单栏中选择 Draw→ Line,设置第 1 点坐标 $(X,Y,Z)=(0,1.8,36.5)$,设置第 2 点坐标 $(X,Y,Z)=(0,8.5,36.5)$,设置第 3 点坐标 $(X,Y,Z)=(0,1.8,37.3)$,第 4 点坐标 $(X,Y,Z)=(0,1.8,36.5)$,单击两次 Enter 键,更名为 Umbrella_L。

(4)绘制 2D 小伞裙单元 Umbrella_S。在主菜单栏中选择 Draw→ Line,设置第 1 点坐标 $(X,Y,Z)=(0,1.8,40.75)$,设置第 2 点坐标 $(X,Y,Z)=(0,4.2,$

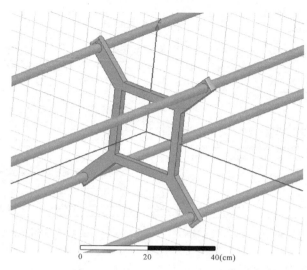

图 3.2.4-9 具有间隔棒的导线

40.75),设置第 3 点坐标(X,Y,Z)=(0,1.8,41.05),设置第 4 点坐标(X,Y,Z)=
(0,1.8,40.75),单击两次 Enter 键,更名为 Umbrella_S。

(5)生成 2D 伞裙。在工程树栏中选中 Umbrella_L 和 Umbrella_S,单击鼠标
右键,选择 Edit→Duplicate→Along Line,输入直线起点(X,Y,Z)=(0,0,0),终点
(dX,dY,dZ)=(0,0,8),单击 Enter 按键。在 Duplicate along line 窗口中输入
Total Number 为 54。(注意:沿直线复制对象时,直线的起点和终点的选择无关
紧要,但直线的方向及起点和终点的距离决定复制对象的位置。)

(6)生成 2D 组合护套伞裙 Umbrella。将上述(2)~(5)所绘制的全部 2D 模
型组合。在工程树栏中依次选择(2)~(5)所绘制的全部 2D 模型,单击鼠标右键,
选择 Edit→Boolean→Unite。

(7)绘制绝缘子 2D 上、下连接端 Flange_Top 和 Flange_Bottom。在主菜单栏
中选择 Draw→ Rectangle,设置(X,Y,Z)=(0,0,12.5),(dX,dY,dZ)=(0,2,
17.5),更名为 Flange_Bottom。右击 Flange_Bottom,选择 Edit → Duplicate→
Along Line,设置(X,Y,Z)=(0,0,0),(dX,dY,dZ)=(0,0,462.5),Total Number
为 2。将 Flange_Bottom_1 更名为 Flange_Top。

(8)绘制 2D 均压环 Ring。在主菜单栏中选择 Draw→Circle,设置(X,Y,Z)=
(0,20,30),(dX,dY,dZ)=(0,3,0),更名为 Ring。

(9)基于上述 2D 模型,生成对应的 3D(三维)实体模型。在工程树栏中,按住
Ctrl 键,点击鼠标左键选中 Core、Umbrella、Flange_Top、Flange_Bottom 和 Ring。
单击鼠标右键,选择 Edit→Sweep→Along Axis。在图 3.2.4-10 所示的 Sweep

Around Axis 窗口中选择 Sweep axis：Z，Angle of sweep：360°，单击"OK"按钮，生成如图 3.2.4－11 所示的 3D 模型。

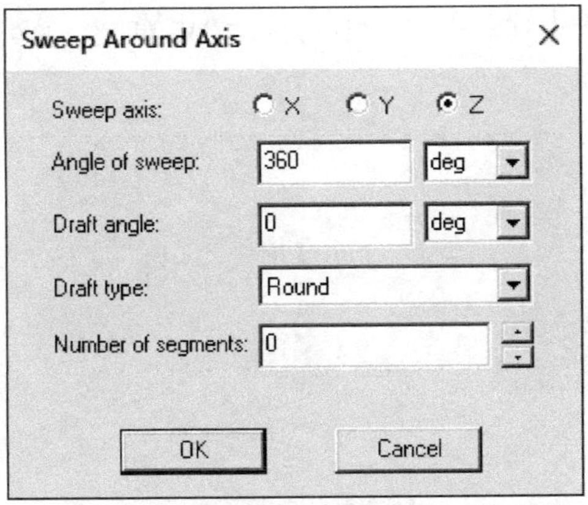

图 3.2.4－10 Sweep Around Axis 窗口

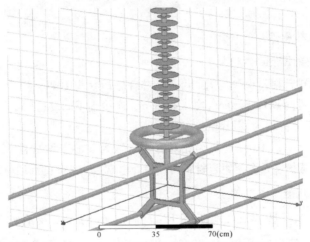

图 3.2.4－11　绝缘子及其均压环的 3D 模型

步骤 4：平移上述所有 3D 实体模型。按 Ctrl＋A，选中所有模型。单击鼠标右键，选择 Edit→Arrange→Move，设置（X，Y，Z）＝（0，0，0），（dX，dY，dZ）＝（0，998，2807.5）。

步骤 5：绘制杆塔 Tower。在主菜单栏中选择 Draw→Box，设置（X，Y，Z）＝（－200，0，0），（dX，dY，dZ）＝（400，50，3300），更名为 Tower。

步骤 6：绘制横担 Arm。在主菜单栏中选择 Draw→Box，设置（X，Y，Z）＝（－200，0，3300），（dX，dY，dZ）＝（400，1000，50），更名为 Arm。

步骤 7:绘制求解域 Region。在主菜单栏中选择 Draw→Box,设置(X,Y,Z)=(−2500,0,0),(dX,dY,dZ)=(5000,3000,4000),更名为 Region。

步骤 8:在菜单栏中选择 View→Fit All→All Views,显示所有模型。

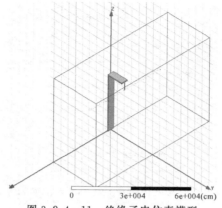

图 3.2.4−11　绝缘子串仿真模型

3. 赋予材料属性

步骤 1:设置 Region 材料为 air。

步骤 2:设置杆塔 Tower 和横担 Arm 材料为 steel_1008。

步骤 3:设置间隔棒 Spacer、均压环 Ring、连接端 Flange_Top、Flange_Bottom 和导线 Wire 等材料均为 aluminum。

步骤 4:设置芯棒 Core 材料为相对介电常数为 5 的新增材料 Material1。

步骤 5:设置护套及伞裙组合材料为相对介电常数为 3.5 的新增材料 Material2。

4. 施加电压激励及边界条件

步骤 1:设置导线 Wire、均压环 Ring、间隔棒 Spacer 及绝缘子下端连接端 Flange_Bottom 等电压为 449 kV(取相电压的 1.1 倍,即 $500\sqrt{2}/\sqrt{3} \times 1.1 \approx$ 449 kV)。

步骤 2:设置杆塔 Tower 和横担 Arm 及绝缘子上连接端 Flange_Top 等电压为 0 V。

步骤 3:求解域 Region 的所有面电压设为 0 V。在面(Face)选择模式下,选中 Region 的所有面。单击鼠标右键,选择 Assign Excitation→Voltage,输入 Value 为 0。

5. 设置网格剖分

可直接采用默认网格剖分。

6. 求解计算

步骤1:设置求解选项。

步骤2:检测模型。

步骤3:启动分析计算。

步骤4:查看收敛情况。

7. 后处理

查看电场强度 E 沿绝缘子伞裙根部的变化规律。

步骤1:定义直线 Polyline1。

(1)在主菜单栏中选择 Draw→Line,定义非模型对象,设置起点坐标(X,Y,Z)=(0,1.8,0),终点坐标(X,Y,Z)=(0,1.8,492.5)。

(2)在工程树栏中右击 Polyline1,选择 Edit→Arrange→Move,设置起点坐标(X,Y,Z)=(0,0,0),终点坐标(dX,dY,dZ)=(0,998,2807.5)。

步骤2:查看直线 Polyline1 上的电场强度分布。在工程管理栏中右击 Results,选择 Create Field Report →Rectanglar Plot。在弹出窗口中 Geometry 下拉框中选择 Polyline1,在 Quantity 下方框选 Mag_E,单击 New Report,即可显示沿线电场强度分布,如图 3.2.4-12 所示。

步骤3:删除均压环重新仿真计算。查看 Polyline1 上的电场强度分布,如图 3.2.4-13 所示。

比较图 3.2.4-12 和图 3.2.4-13 可以看出,加装均压环后,沿伞裙根部最大场强大幅降低。

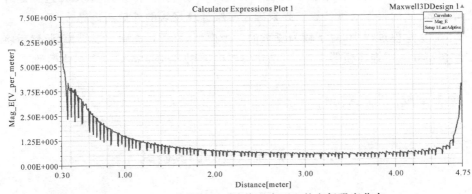

图 3.2.4-12　有均压环时绝缘子表面上的电场强度分布

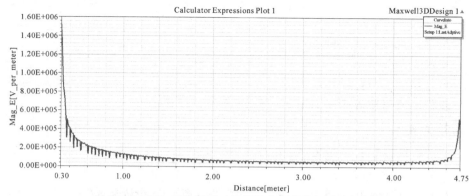

图 3.2.4 - 13　无均压环时绝缘子表面上的电场强度分布

五、注意事项

　　(1)由于在输电线路中传输的电压频率为工频 50 Hz,因此可采用静态场求解器求解。

　　(2)在 Maxwell 3D 软件中,对三维无界问题未做处理,所以对无界边界的确定成为使用该软件时须解决的难点之一。由于绝缘子串、连接金具、防护金具等的电场均属于开域场问题,故需合理设置人工截断边界。边界不能设置太大,否则,所需计算量、存储量非常大。边界若设置太小,计算精度又很差。由于 Maxwell 2D 软件提供了二维无界场域的边界处理方法,所以,学生可在计算时,首先在不考虑导线、铁塔等影响时将绝缘子的场域作为轴对称场对待,采用 Ballon 边界处理无界边界,然后根据二维计算结果来确定三维计算场域的外截断边界。

　　(3)在建模过程中,对于较为复杂的三维模型,可通过先建立二维模型,然后将二维模型导入三维建模器中,在三维建模器中采用 Sweep 得到一个立体模型。

参考文献[25, 28,30]

3.2.5　涡流效应的仿真研究

一、实验目的

　　(1)学习使用 ANSYS Maxwell 2D/3D 软件求解具有一定厚度的金属盘在磁

场中的涡流。

(2)研究稳恒磁悬浮现象,分析铝盘受力大小与悬浮高度的关系。

二、原理与说明

由于电磁感应,当具有一定厚度的金属处在变化的磁场中或相对于磁场运动时,金属体内会感生出呈漩涡状流动的电流,简称涡流。

在通入交变电流的螺线管线圈上方放置具有一定厚度的圆形金属盘,金属盘中就会产生涡流。此涡流的大小可通过 ANSYS Maxwell 2D/3D 软件中的电流密度 J 来展现。

当通电螺线管线圈上方放置的是铝盘时,铝盘受到线圈对它向上的作用力,当该作用力大于铝盘的重力时,铝盘会向上浮动。当线圈对铝盘的作用力与铝盘的重力在空中某一位置处达到动态平衡,铝盘将悬浮在此处。铝盘受力大小可通过在 ANSYS Maxwell 2D/3D 软件中添加力(Force)来实现。铝盘距离线圈的不同位置可通过设置参数(Parameter)分析实现。

三、实验任务

一匝数为 330 的螺线管线圈,内径 50 mm,外径 180 mm,高 100 mm,通入工频 50 Hz 的交流电流 40 A。在螺线管线圈的上方放置一块厚度为 3 mm、直径为 180 mm 的圆形铝盘,如图 3.2.5－1 所示。

  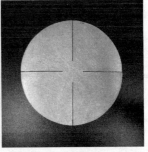

(a)螺线管线圈　　　　　　(b)铝盘　　　　　　(c)开槽铝盘

图 3.2.5－1　螺线管线圈及铝盘、开槽铝盘

(1)在 ANSYS Maxwell 2D 中,仿真计算铝盘子午面的涡流密度分布及铝盘的受力。

(2)采用参数扫描方法分析铝盘沿螺线管线圈轴向不同高度时的受力变化,确定铝盘脱离线圈并能稳恒悬浮的位置。

（3）若将铝盘置换为相同尺寸的铁盘，仿真分析铁盘子午面的涡流密度分布变化情况。

（4）在 ANSYS Maxwell 3D 中，仿真计算铝盘子午面的涡流密度分布及铝盘的受力，并与上述（1）的计算结果进行对比。

（5）若在铝盘绕 z 轴对称开 4 槽，仿真分析铝盘的涡流密度及受力变化情况，并讨论此时铝盘能否脱离线圈上浮。

四、仿真提示

1. Maxwell 2D 模型仿真

铝盘与螺线管线圈的二维仿真模型如图 3.2.5-2 所示。

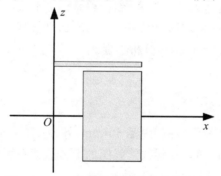

图 3.2.5-2　铝盘与螺线管线圈仿真模型

1）新建 Maxwell 2D 项目设计文件

选择坐标系为 Cylindrical about Z（以 Z 轴为中心轴的圆柱坐标系），求解器为 Magnetic＞Eddy Current（涡流场），绘图单位为 mm。

2）绘制几何模型

步骤 1：绘制线圈 Coil。在主菜单栏中选择 Draw→Rectangle。

步骤 2：绘制铁盘 Plate。在主菜单栏中选择 Draw→Rectangle。

步骤 3：绘制求解域 Region。在主菜单栏中选择 Draw→Rectangle。设置起始顶点(X,Y,Z)=(0,0,-300)，对角顶点(dX,dY,dZ)=(300,0,600)。

3）赋予材料属性

步骤 1：设置线圈材料为 aluminum（铝）。

步骤 2：设置铝盘材料为 aluminum（铝）。

步骤 3：设置求解域 Region 材料为 air（空气）。

4）施加激励和边界条件

步骤 1：给线圈施加电流激励。在工程树栏中右击 Coil，选择 Assign Excitation→Current。在 Current Excitation 窗口中输入电流 Value：＿＿＿＿A，选择 Type：Stranded，Ref. Direction：Positive。

步骤 2：给求解域 Region 施加边界条件。在边（Edges）选择模式下，选中 Region 的 4 个边，设置为 Balloon 边界。

步骤 3：给铝盘施加涡流效应。在工程树栏中右击 Plate，选择 Assign Excitation→Set Eddy Effects。在 Set Eddy Effect 窗口中取消线圈 Coil 的 Eddy Effect 复选框勾选，保持铝盘 Plate 的勾选，如图 3.2.5-3 所示。

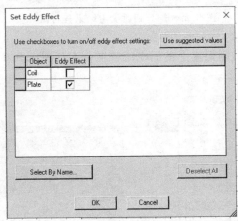

图 3.2.5-3 给铝盘添加涡流影响的计算

5）设置求解力的参数

给铝盘施加受力求解参数。在工程树栏中右击 Plate，选择 Assign Parameters→Force。

6）设置网格剖分

可直接采用默认网格剖分。

7）求解计算

步骤 1：设置求解选项。设置 Adaptive Frequency 为 50 Hz，其余保持默认选项。

步骤 2：检测模型。

步骤 3：启动分析计算。

8）后处理

步骤 1：查看铝盘的受力。在工程管理栏中右击 Results，选择 Solution Data。在 Solutions 窗口中可看到铝盘受到的平均力为 8.3775 N，如图 3.2.5-4 所示。

步骤 2：查看铝盘子午面的涡流密度分布。在工程树栏中右击 Plate，选择

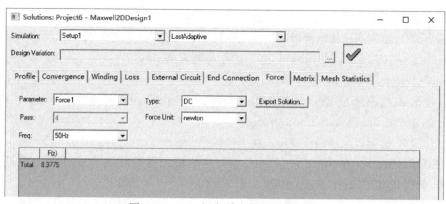

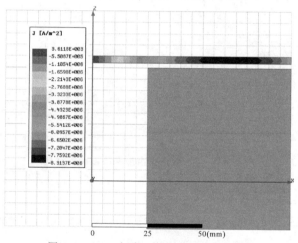

图 3.2.5-4 铝盘受力结果查看窗口

Fields→J→JAtPhase,则铝盘上的涡电流密度分布如图 3.2.5-5 所示。

图 3.2.5-5 铝盘上的涡电流密度分布

9)参数分析——铝盘不同位置时的受力

步骤 1:定义铝盘位置参数变量 var。

(1)在工程树栏中右击 Plate,选择 Edit→Arrange→Move,设置起点坐标(X,Y,Z)=(0,0,55),终点坐标(dX,dY,dZ)=(0,0,50)。

(2)在 Plate 展开下拉菜单中双击 Move,如图 3.2.5-6(a)所示,在弹出的如图 3.2.5-6(b)所示的 Properties 窗口中,将 Move Vector 栏的固定值 50 更改为变量 var,单击 Enter 键,在弹出的 Add Variable 窗口中,Unit Type 项选 length,Unit 项选 mm。

步骤 2:设置变量 var 的变化范围。在工程管理栏中右击 Optimetrics,选择

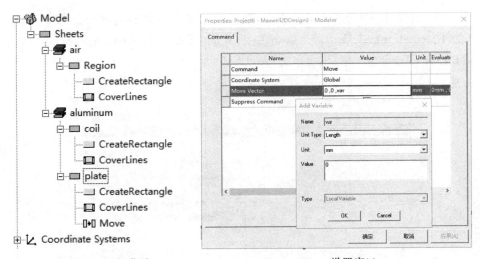

(a) 展开Plate下拉菜单   (b) var设置窗口

图 3.2.5-6　定义参数变量窗口

Add→parametric。在 Setup Sweep Analysis 窗口中点击"Add"按钮,弹出 Add/Edit Sweep 窗口,Variable 选择 var,点选 Linear step,输入 Start 为 0 mm,Stop 为 50 mm,Step 为 1 mm,点击"Add"按钮,再点击"OK"按钮,如图 3.2.5-7 所示。

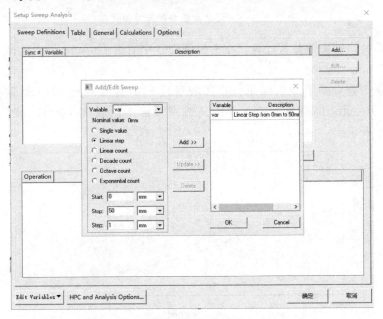

图 3.2.5-7　设置变量 var 变化范围的窗口

步骤3：设置参数分析计算模式。在图3.2.5-8所示的 Setup Sweep Analysis 窗口的 Calculations 选项卡下，单击左下方的"Setup Calculations"按钮，弹出 Add/Edit Calculation 窗口，再单击"Add Calculation"按钮。

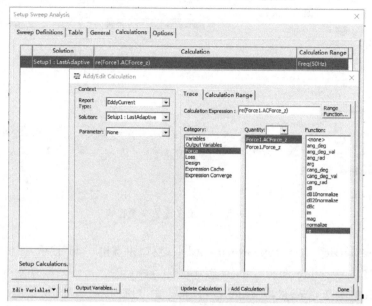

图 3.2.5-8　设置参数分析计算模式窗口

步骤4：启动参数分析计算。在工程管理栏中右击 Optimetrics，选择 Analyze → All Parametric。

步骤5：查看参数分析结果。在工程管理栏中右击 Optimetrics，选择 View Analysis Results，即可显示铝盘在距离线圈顶部不同高度处所受到的力，如图 3.2.5-9 所示。

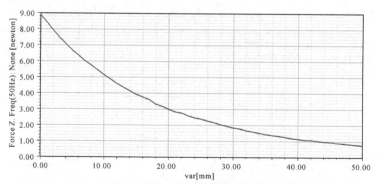

图 3.2.5-9　铝盘在距离线圈顶部不同高度处所受到的力

2. Maxwell 3D 模型仿真

1）新建 Maxwell 3D 项目设计文件

求解器选为 Magnetic＞Eddy Current（涡流场），绘图单位设置为 mm。

2）绘制几何模型

可基于上述 1 的 Maxwell 2D 模型生成对应的三维模型。

步骤 1：导出 Maxwell 2D 模型，保存为 CoilPlate.sab 文件。在 Maxwell 2D 工程的主菜单中选择 Modeler→Export，输入保存文件名 CoilPlate，后缀默认为 sab。

步骤 2：导入 Maxwell 2D 模型。在 Maxwell 3D 工程的主菜单中选择 Modeler→Import，打开 CoilPlate.sab 文件，完成导入。

步骤 3：生成 Maxwell 3D 模型。在 Maxwell 3D 工程的工程树栏中选择步骤 2 导入的 2D 模型，单击鼠标右键，选择 Edit→Sweep，选择绕 Z 轴扫描 360°，生成 3D 模型。

3）赋予材料属性

步骤 1：设置线圈材料为 aluminum（铝）。

步骤 2：设置铝盘材料为 aluminum（铝）。

步骤 3：设置求解域 Region 材料为 air（空气）。

4）施加激励和边界条件

步骤 1：创建线圈子午面。在工程树栏中右击 Coil，选择 Edit→Surface→Section。在弹出窗口中点击选择 YZ，单击"OK"按钮，生成 2 个子午面。

步骤 2：分离 2 个子午面，并删除其中 1 个子午面。保持 2 个子午面处于选择状态，单击鼠标右键，选择 Edit→Boolean→Separate Bodies；在工程树栏中选中其中 1 个子午面，按 Delete 键将其删除。

步骤 3：施加电流激励。在工程树栏中右击子午面 Coil_Section1，选择 Assign Excitation→Current。在 Current Excitation 窗口中设置输入电流为_____A，设置 Type 为 Stranded。

步骤 3：给铝盘施加涡流效应。在工程树栏中右击 Plate，选择 Assign Excitation→Set Eddy Effects。在 Set Eddy Effect 窗口中，保持铝盘 Plate 复选框的勾选，取消线圈 Coil 复选框勾选。

5）设置求解力的参数

给铝盘施加受力求解参数。在工程树栏中右击 Plate，选择 Assign Parameters→Force。在 Force Setup 窗口中，设置 Type 为 Virtual。

6）设置网格剖分

可直接采用默认网格剖分。

7）求解计算

与上述 1 中的 Maxwell 2D 求解计算步骤相同。

8）后处理

步骤 1：查看铝盘的受力。在工程管理栏中右击 Results，选择 Solution Data，打开 Solutions 窗口，可看到铝盘受到 3 个方向的力，如图 3.2.5 - 10 所示。

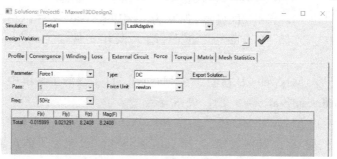

图 3.2.5 - 10　铝盘受力结果查看窗口

步骤 2：查看铝盘的涡流分布。在工程树栏中右击 Plate，选择 Fields→J→JAtPhase，则可查看铝盘上的涡电流密度分布，如图 3.2.5 - 11 所示。

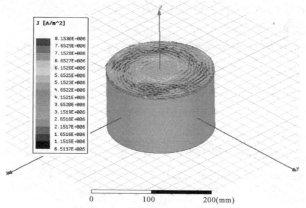

图 3.2.5 - 11　铝盘的涡流分布

9）开槽铝盘的建模

步骤 1：绘制槽 Slot。在主菜单栏中选择 Draw→Box。

步骤 2：绕 Z 轴复制，生成 4 个槽。在工程树栏中右击 Slot，选择 Edit→Duplicate→Around Axis，在 Duplicate Around Axis 窗口中设置 Axis 为 Z，Total Number 为 4。

步骤 3：生成开槽铝盘。在工程树栏中依次选择 Plate、Slot、Slot_1、Slot_2、

Slot_3,单击鼠标右键,选择 Edit→Boolean→Substract。

五、注意事项

(1)Maxwell 3D 软件可自动处理场域的边界,无需人工设置。

(2)进行参数扫描分析之前,需要首先完成一次一般求解过程。

参考文献[25, 28]

3.2.6　干式空芯电抗器工频磁场屏蔽方法的仿真研究

一、实验目的

(1)学习使用 ANSYS Maxwell 2D/3D 软件对干式空芯电抗器进行建模。

(2)研究干式空芯电抗器工频磁场屏蔽方法,分析屏蔽体对电抗器磁场、电感及电流的影响。

二、原理与说明

干式空芯电抗器作为电力系统中重要的电力设备之一,其主要作用是限制短路电流、滤除高次谐波以及补偿无功功率等。如图 3.2.6 - 1 所示,干式空芯电抗

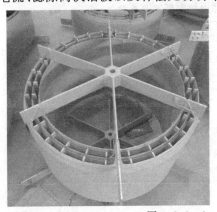
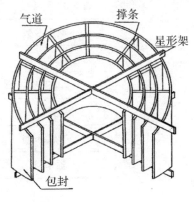

图 3.2.6 - 1　干式空芯电抗器

器为多包封并联式结构,由多个同轴绕组包封组成,各包封在电气上是并联的。在每个包封中有若干层相互并联的线圈,每层线圈又由数根小截面金属导线(一般为铝线)并绕而成,每根导线上包有聚酯薄膜作为匝间绝缘。干式空芯电抗器的每个包封用浸有环氧树脂的玻璃纤维包绕,包封与包封之间用玻璃丝引拔棒做撑条,以形成包封之间的绝缘和散热气道。各包封的导线首末端分别焊在上、下铝制星形架上。星形架除了起到电气连接的作用外,还起压紧线圈的作用。

由于采用空芯结构,运行中的干式空芯电抗器会在其周围空间产生大量的漏磁通,进而产生严重的电磁辐射和污染。

由于高导磁材料具有汇聚磁通的能力,因此,在干式空芯电抗器的外部,加装一定厚度的高导磁材料屏蔽体可以大幅降低电抗器对周围环境的电磁辐射和污染,为电力系统环保事业做出重要贡献。

三、实验任务

干式空芯电抗器额定电参数如表3.2.6-1所示,主要的结构参数如表3.2.6-2所示。根据表3.2.6-1和表3.2.6-2,采用 ANSYS Maxwell 工程软件,完成下面任务:

(1)仿真计算干式空芯电抗器的电感、磁场分布及电流分布。

(2)在距电抗器外包封30 mm处加装1层厚度为6 mm、高度为520 mm的圆筒状高导磁材料屏蔽体后,仿真分析电抗器的电感、磁场分布及电流分布的变化。

(3)在距电抗器上端30 mm加装1层厚度为6 mm的伞形高导磁材料屏蔽体,如图3.2.6-2所示,仿真分析电抗器的电感、磁场分布及电流分布的变化。

表 3.2.6-1 干式空芯电抗器额定电参数

额定参数	参数值
容量/kvar	4.4
电压/V	110
电流/A	40
电感/mH	8.76
频率/Hz	50

表 3.2.6－2　干式空芯电抗器主要结构参数

层号	中径/mm	线圈高度/mm	匝数	线径/mm	电阻/Ω
1	606.22	525.31	147.50	3.15	1.021
2	612.66	512.92	144.25	3.15	1.007
3	675.48	524.98	132.00	3.55	0.800
4	682.68	523.30	131.50	3.55	0.806

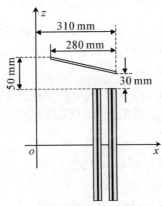

图 3.2.6－2　上端屏蔽体结构尺寸及安装位置

四、仿真提示

以加装圆筒状屏蔽体后的干式空芯电抗器瞬态磁场仿真计算为例。

1. 新建 Maxwell 2D 项目设计文件

选择坐标系为 Cylindrical about Z(以 Z 轴为中心轴的圆柱坐标系),求解器为 Magnetic＞Transient(瞬态磁场),绘图单位为 mm。

2. 绘制几何模型

步骤 1:依次绘制第 1 层至第 4 层线圈 Coil1、Coil2、Coil3、Coil4。以矩形作为线圈模型,在主菜单栏中选择 Draw→Rectangle。各层线圈的起始顶点与对角顶点坐标如表 3.2.6－3 所示。

表 3.2.6 - 3 各层线圈起始顶点与对角顶点坐标

线圈名称	起始顶点坐标 (X,Y,Z)	对角顶点 (dX,dY,dZ)
1	(301.535,0,−262.65)	(3.15,0,525.30)
2	(304.755,0,−256.455)	(3.15,0,512.91)
3	(335.965,0,−262.495)	(3.55,0,524.99)
4	(339.565,0,−261.655)	(3.55,0,523.31)

步骤 2:绘制屏蔽体 Shield。以矩形作为屏蔽体模型,在主菜单栏中选择 Draw→Rectangle,设置起始顶点(X,Y,Z)=(369.565,0,−260),对角顶点(dX,dY,dZ)=(6,0,520)。

步骤 3:绘制求解域 Region。在主菜单栏中选择 Draw→Rectangle,设置起始顶点(X,Y,Z)=(0,0,−600),对角顶点(dX,dY,dZ)=(750,0,1200)。

3. 赋予材料属性

步骤 1:设置线圈材料为 aluminum(铝)。

步骤 2:设置屏蔽体材料为 iron(铁)。

步骤 3:设置求解域 Region 材料为 air(空气)。

4. 施加激励和边界条件

步骤 1:定义 4 个线圈激励类型及匝数。

(1)定义激励类型。在工程管理栏中右击 Excitations,选择 Add Winding。在图 3.2.6 - 3(a)所示窗口中设置 Type 为 External、Stranded,Initial 为 0 A,Number of parallel branches 为 1。

(2)设置线圈匝数。在工程树栏中右击 Coil1,选择 Assign Excitation→ Coil。在图 3.2.6 -3(b)所示窗口中设置 Number of Conductors 为 147.5(第 1 层线圈匝数)。

(3)将激励类型施加给线圈。在工程管理栏中右击 Excitations 下拉菜单中的 Winding1,选择 Add Coils。在图 3.2.6 - 3(c)所示窗口中选择 Coil1,点击"OK"按钮,完成第 1 层线圈设置。

采用类似方法,设置其余 3 层线圈的激励类型及匝数。

步骤 2:建立外部电路模型。

(1)启动 Maxwell 电路编辑器。在工程管理栏中右击 Excitations,选择

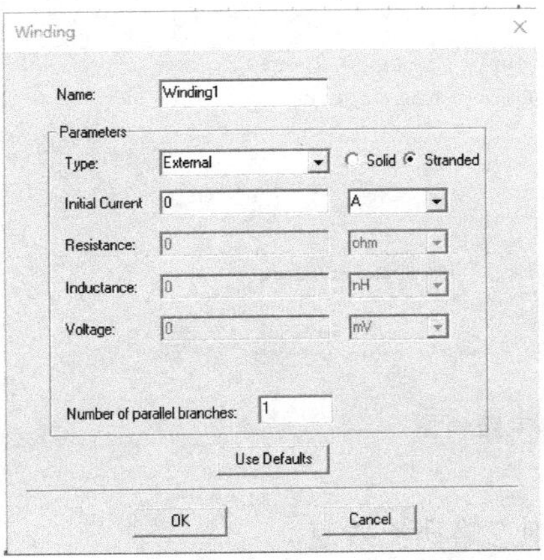

(a)

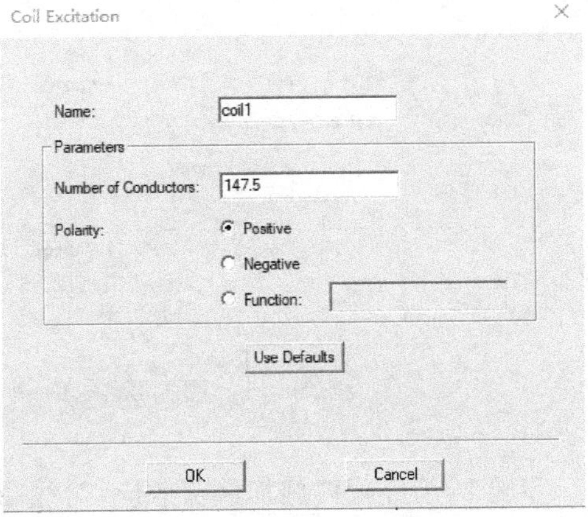

(b)

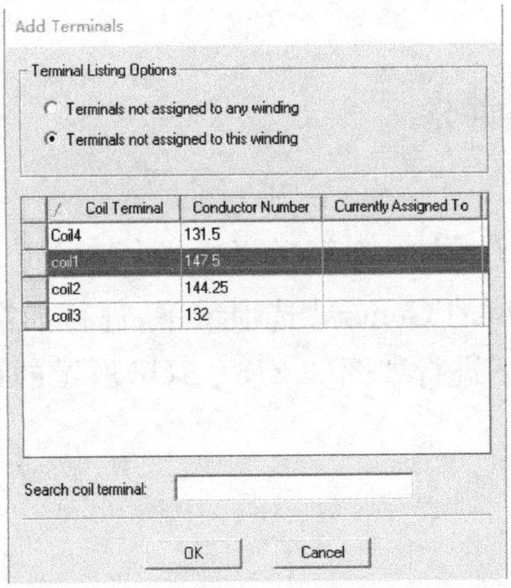

(c)

图 3.2.6 - 3　线圈激励类型及匝数设置窗口

External Circuit→Edit External Circuit。在弹出窗口中,点击 Creat Circuit,进入电路编辑器。

(2)绘制图 3.2.6 - 4 所示电路模型。

(3)导出电路模型。在主菜单栏选择 Maxwell Circuit→Export Netlist,将电路模型保存为 Circuit.sph 文件。

(4)关闭电路编辑器。在主菜单栏中选择 Maxwell Circuit→Close Editors。

(5)导入电路模型至 Maxwell 2D 项目设计中。在工程管理栏中右击 Excitations,选择 External Circuit→Edit External Circuit。在弹出窗口中点击 Import Circuit Netlist,打开 Circuit.sph。

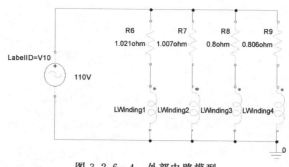

图 3.2.6 - 4　外部电路模型

步骤 2:给屏蔽体施加涡流效应,对线圈则忽略涡流效应。

步骤 3:给求解域 Region 所有边施加 Balloon 边界条件。

5. 设置网格剖分

可直接采用默认网格剖分。

6. 求解计算

步骤 1:设置求解选项。在工程管理栏中选择 Analysis→Add Solution Setup 进行。在 Solve Setup 窗口的 General 选项卡下,进行如图 3.2.6 - 5(a)所示的设置,在 Save Field 选项卡下进行如图 3.2.6 - 5(b)所示的设置。

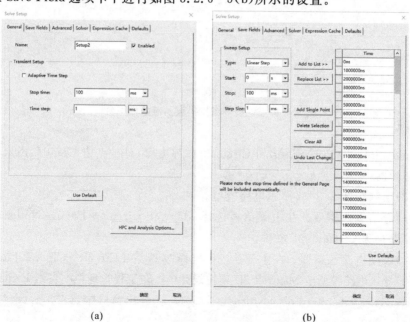

(a)　　　　　　　　　　　　(b)

图 3.2.6 - 5　瞬态磁场求解选项设置窗口

步骤2:检验模型。

步骤3:启动分析计算。

7. 后处理

步骤1:查看各层线圈电流波形。在工程管理栏中选择 Results→Creat Transient Report→Rectangular Plot,在如图 3.2.6-6(a)所示的窗口中点击 New Report,即可显示各层线圈电流波形,如图 3.2.6-6(b)所示。

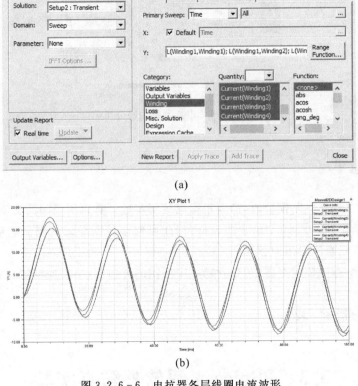

(a)

(b)

图 3.2.6-6　电抗器各层线圈电流波形

步骤2:查看求解域磁力线分布。在主菜单栏中选择 View→Set Solution Context,设置查看时刻。选择所有几何模型,单击鼠标右键,选择 Fields→Flux_Lines。如图 3.2.6-7 所示为 0.002 s 时的场域磁力线分布。

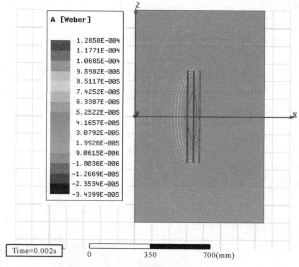

图 3.2.6 - 7　电抗器磁力线分布图

五、注意事项

（1）建立外部电路模型时，需要根据电抗器参数计算每层线圈的交流电阻。由于电抗器工作频率为 50 Hz，频率较低，因此可忽略线圈导线的涡流效应，交流电阻值可近似以直流电阻值替代。

（2）在瞬态磁场求解器中，查看场域中场量的分布图时，需要设定查看时刻。

参考文献[31,32]

3.3　PSpice 工程软件仿真实验

3.3.1　静电场的电阻网络模拟

一、实验目的

（1）了解电流线仿真电力线的原理。

(2)学习用结点电压仿真电位值,掌握电阻网络模拟的基本方法。

(3)学习用 PSpice 工程软件仿真静电场问题的方法。

二、原理与说明

在求解静电场分布时,有限差分法是常用的数值计算方法之一。其基本思想是把场域用网格进行分割,应用差分原理,把偏微分方程转化为差分方程,把连续场域中位函数的解归结为若干离散点上位函数解的集合。静电场的电阻网络模拟,采用多个电阻值相等的电阻连接成网络来模拟遵循二维拉普拉斯方程的静电场分布,用电流线仿真电力线,用结点电压仿真电位值。

将二维求解场域分割成图 3.3.1-1 所示的正方形网格的情况下,电位的拉普拉斯方程的差分格式为

$$\varphi_1 + \varphi_2 + \varphi_3 + \varphi_4 - 4\varphi_0 = 0 \tag{1}$$

上述拉普拉斯场可用图 3.3.1-2 所示的平面电阻网络进行模拟,该网络内部每个电阻均为 R,边界上的电阻为 $2R$。对图 3.3.1-2 中的结点 0,根据基尔霍夫电流定律,列写关于结点电位的方程,有

$$\frac{\varphi_1 - \varphi_0}{R} + \frac{\varphi_2 - \varphi_0}{R} + \frac{\varphi_3 - \varphi_0}{R} + \frac{\varphi_4 - \varphi_0}{R} = 0$$

即

$$\varphi_1 + \varphi_2 + \varphi_3 + \varphi_4 - 4\varphi_0 = 0 \tag{2}$$

可见方程(1)和(2)具有相同的数学形式。如果给出网络外部边界相应的电位时,在电阻网络的每个结点上测得的电位就相应于被模拟的场中对应点的电位。根据 $E = -\nabla\varphi$,即可得电场强度的分布。

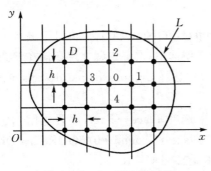

图 3.3.1-1 正方形网格

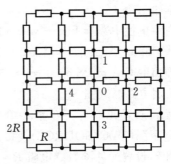

图 3.3.1-2 静电场的模拟电阻网络

三、实验内容

1. 平板电容器电场的模拟

按照图 3.3.1-3 所示模拟电阻网络的电路连接示意图,在 PSpice 中建立对应仿真电路,设定上边界为 10 V 等位线边界,下边界为 0 V 等位线边界,观察各结点上的电位。

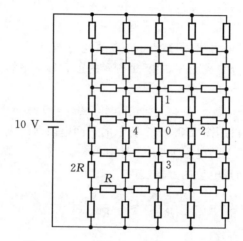

图 3.3.1-3　模拟电阻网络的电路连接

仿真步骤提示:

1)启动 OrCAD/Capture CIS

双击桌面 Capture CIS 图标→OrCAD Capture→OK。

2)创建工程

在主菜单栏中选择 File→New→Project,在 New Project 窗口中输入工程名,保持默认 PSpice Analog or MixedA/D 选项选中,设置工程文件存储在 F 盘,单击 OK,在弹出的 Create PSpice Project 窗口中选择 Create a blank project,单击 OK。

3)绘制电路原理图

步骤 1:放置元器件。在主菜单栏中选择 Place→Part,放置电阻(R/ANA-LOG)、电压源(VDC/SOURCE)及接地(Place→Ground→0/SOURCE→OK)。

步骤 2:设置元件参数。电阻 $R = 10$ kΩ,VDC=10 V。

步骤 3:连线。在主菜单栏中选择 Place →Wire,按图 3.3.1-3 连线。

步骤 4:标注结点。在主菜单栏中选择 Place→Net Alias,根据图 3.3.1-3 标注结点。

4)设置仿真分析类型

在主菜单栏中选择 PSpice→New Simulation Profile,打开 New Simulation 窗口,在 Name 栏输入名称,单击 Create,在弹出的 Candence Product Choices 窗口中选择 PSpice A/D,单击 OK 按钮,弹出 Simulation Settings 窗口,在 Analysis type 下拉菜单中选择 Bias Point 分析类型,单击"确定"按钮。

5)仿真计算

在主菜单栏中选择 PSpice →Run,启动仿真计算。

6)查看结果

运行完成后,自动弹出后处理窗口,在菜单栏中选择 View→Output File 可查看结点电压结果。

2. U 形槽内二维平行平面电场的研究

操作步骤与任务 1 相同。取电阻模型(R/ANALOG),建立如图 3.3.1-4 的电路连接。此时,左、右、下边界各形成一根 0 V 等位线边界,上边界为 10 V 等位线边界。建立 Basic point 分析类型。点击 RUN 运行程序,观察各结点上的电位。

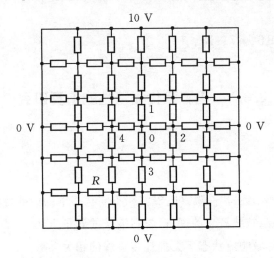

图 3.3.1-4　U 形槽内二维平行平面电场的模拟电阻网络

3. 二线传输线电场的研究

由于二线传输线的电力线是圆弧,用电阻网络模拟时,电流线边界也是圆弧,因此,为简单起见,可以把圆弧边界用折线边界来近似。折线边界为电流线边界。取电阻模型(R/ANALOG),建立如图 3.3.1-5 的电路连接。此图形为被研究场域的一半。设置 Basic point 分析类型。点击 RUN 运行程序,观察各结点上的电位。

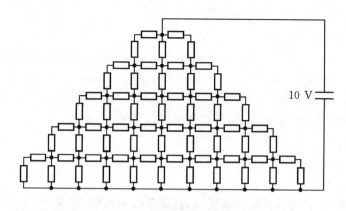

图 3.3.1-5　二线传输电场的模拟电阻网络

四、注意事项

为使仿真结果更逼近数值计算的结果,可将电阻网络模型扩大。

参考文献[7, 16, 17, 18, 19]

3.3.2　电磁波传播特性的仿真研究

一、实验目的

(1)利用 PSpice 工程软件观察电磁波在不同状态下的传播特性。

(2)加深对行波、驻波概念的理解,学习波长的测量方法。

(3)学习测量时域响应状态下无损耗传输线的相关参数。

二、原理与说明

(1)对于无损耗均匀传输线,其沿线电压、电流的通式为

$$\begin{cases} \dot{U}(z) = \dot{U}^+ \, e^{-\mathrm{j}\beta z} + \dot{U}^- \, e^{\mathrm{j}\beta z} \\ \dot{I}(z) = \dfrac{\dot{U}^+}{Z_0} e^{-\mathrm{j}\beta z} - \dfrac{\dot{U}^-}{Z_0} e^{\mathrm{j}\beta z} \end{cases} \qquad (1)$$

其中，$Z_0 = \sqrt{\dfrac{L_0}{C_0}}$，称为传输线的特性阻抗，本实验中设定 $Z_0 = 50\ \Omega$；$\beta = \omega \sqrt{L_0 C_0}$，称为相位常数，$\beta$ 与波长 λ 之间的关系为 $\beta = 2\pi/\lambda$；$\dot{U}^+$ 和 $\dot{U}^-$ 为积分常数，由传输线端部条件确定；$\dot{U}^+ e^{-\mathrm{j}\beta z}$ 表示向 z 轴方向传播的入射电压波，$\dot{U}^- e^{\mathrm{j}\beta z}$ 表示向 $-z$ 轴方向传播的反射电压波。

（2）仿真实验中，波长 λ 的值可由下式确定：

$$\lambda = 3 \times 10^8 \times t_1 \text{ 或 } \lambda = \frac{t_2}{2} \times 3 \times 10^8 \qquad (2)$$

其中，t_1 为入射波到达终端时间，t_2 为反射波到达始端的时间。

三、实验内容

在 PSpice 中建立如图 3.3.2-1 所示仿真电路，其中结点 1 为始端，结点 5 为终端。完成仿真任务 1 和 2。

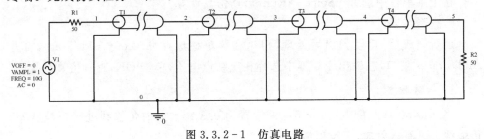

图 3.3.2-1　仿真电路

仿真步骤提示：

1）启动 OrCAD/Capture CIS

双击桌面 Capture CIS 图标→OrCAD Capture→OK。

2）创建工程

在主菜单栏中选择 File→New→Project，在 New Project 窗口中输入工程名，保持默认 PSpice Analog or MixedA/D 选项选中，设置工程文件存储在 F 盘，单击 OK，在弹出的 Create PSpice Project 窗口中选择 Create a blank project，单击 OK。

3)绘制电路原理图

步骤1:放置元器件。在主菜单栏中选择 Place→Part,放置电阻(R/ANALOG)、正弦源(VSIN/SOURCE)、传输线(T/Design Cache)及接地(Place→Ground→0/SOURCE→OK)。

步骤2:设置元件参数。电阻 $R_1 = 50 \ \Omega$,$R_2 = 50 \ \Omega$;VSIN 正弦电源,VOFF=0,VAMPL=1 V,FREQ=10 GHz;传输线 $T_1 \sim T_4$ 的 f 和 Z_0 参数均为 $f = 10$ GHz,$Z_0 = 50\Omega$,而 $T_1 \sim T_4$ 的 NL 参数分别为:$NL_1 = 0.25$,$NL_2 = 0.25$,$NL_3 = 0.1$,$NL_4 = 0.4$。

步骤3:连线。在菜单栏中选择 Place →Wire,按图 3.3.2-1 连线。

步骤4:标注结点。在主菜单栏中选择 Place→Net Alias,根据图 3.3.2-1 标注结点。

4)设置仿真分析类型

在主菜单栏中选择 PSpice→New Simulation Profile,打开 New Simulation 窗口,在 Name 栏输入名称,单击 Create,在弹出的 Candence Product Choices 窗口中选择 PSpice A/D,单击 OK 按钮,弹出 Simulation Settings 窗口,在 Analysis type 下拉菜单中选择 Time Domain 分析类型,根据实验任务设置分析时间 Run to time:_____seconds,单击"确定"按钮。

5)仿真分析

在主菜单栏中选择 PSpice →Run,启动仿真计算。

6)查看结果

运行完成后,自动弹出后处理窗口,在菜单栏选择 Trace→Add Trace,打开 Add Traces 窗口,在输出变量框中选择相应结点电压,单击 OK,查看仿真结果。

1. 行波状态

终端接 50 Ω 匹配电阻,分析时间设置为 0.3 ns。此时传输线处于行波状态,传输线上只有入射波,无反射波出现。

①分别显示各结点的电压,观察入射波到达各结点所需的时间,并对波形进行分析;

②测量入射波到达终端所需的时间(即结点 1 与结点 5 之间的时间),计算波长 λ 的值。

2. 驻波状态

终端开路时,分析时间设置为 0.5 ns。此时传输线处于驻波状态,传输线上出现全反射现象,入射波与反射波叠加形成驻波。

①观察各结点的电压波形,加深对驻波概念的理解。

②观察结点 1 的电压波形,测量反射波到达始端的时间,计算波长 λ、相位常数 β。

参考文献[1, 16, 17, 18, 19]

3.3.3　无损耗均匀传输线的仿真研究

一、实验目的

(1)学习利用 PSpice 工程软件仿真无损耗均匀传输线实验的方法。
(2)观察正弦稳态下,无损耗传输线在不同终端状态时电压的沿线分布。

二、原理与说明

(1)设传输线的电源端在 $z=-l$ 处,负载端在 $z=0$ 处,如图 3.3.3－1 所示,正弦稳态下当其终端接有不同的负载时,沿线电压的分布规律不同。

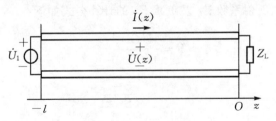

图 3.3.3－1　传输线

①当终端开路时,有

$$\begin{cases} \dot{U}(z)=\dot{U}_2\cos(\beta z) \\ \Gamma_L=1 \end{cases} \tag{1}$$

式(1)中,$\beta=\omega\sqrt{L_0 C_0}$,称为相位常数,$\beta$ 与波长 λ 之间的关系为 $\beta=2\pi/\lambda$。电压的振幅沿线按正弦规律分布,电压波为驻波。在 $-z=0$,$\frac{1}{2}\lambda$,λ 处为电压的波腹,而在 $-z=\frac{1}{4}\lambda$,$\frac{3}{4}\lambda$,$\frac{5}{4}\lambda$ 处为电压波节。相邻的波腹和波节在空间上相差 $\frac{1}{4}\lambda$。

②当终端短路时,$\dot{U}(z)$ 和 Γ_L 分别为

$$\begin{cases} \dot{U}(z) = \mathrm{j}Z_0 \dot{I}_2 \sin(-\beta z) \\ \Gamma_L = -1 \end{cases} \tag{2}$$

式(2)中，$Z_0 = \sqrt{\dfrac{L_0}{C_0}}$，称为传输线的特性阻抗，本实验中设定 $Z_0 = 50\ \Omega$，$\dot{I}_2$ 为负载端的电流。电压的振幅沿线仍按正弦规律分布，电压波为驻波。在 $-z = 0$，$\dfrac{1}{2}\lambda$，λ 处为电压的波节，而在 $-z = \dfrac{1}{4}\lambda$，$\dfrac{3}{4}\lambda$，$\dfrac{5}{4}\lambda$ 处为电压波腹。

③当终端接负载阻抗 $Z_L = Z_0$ 时，$\dot{U}(z)$ 和 Γ_L 分别为

$$\begin{cases} \dot{U}(z) = \dot{U}_2 \mathrm{e}^{-\mathrm{j}\beta z} \\ \Gamma_L = 0 \end{cases} \tag{3}$$

式(3)中，$\dot{U}_2$ 为负载端的电压。显然，电压的振幅沿线不变，且无反射电压波，电压波为行波，这种情况称为负载匹配。

④当终端接纯电阻负载时，沿线电压的振幅呈现行驻波。

⑤当终端接电抗性负载时，沿线电压的振幅呈现驻波，但终端并非为波节或波腹。

(2)驻波比 S、反射系数 Γ_L 及负载 Z_L 的计算公式如下：

$$S = \frac{|\dot{U}(z)|_{\max}}{|\dot{U}(z)|_{\min}} \tag{4}$$

$$|\Gamma_L| = \frac{S-1}{S+1} \tag{5}$$

$$\mathrm{arc}(\Gamma_L) = \pi\left[\frac{4}{\lambda}(-z_{\min}) - 1\right] \tag{6}$$

$$Z_L = Z_0 \frac{1+\Gamma_L}{1-\Gamma_L} \tag{7}$$

式(6)中的 $z_{\min}$ 为负载端与出现第一个电压最小值处的距离；式(7)中的 Z_0 为传输线特性阻抗。

三、实验任务

在 PSpice 中建立图 3.3.3 - 2 所示正弦稳态仿真电路图，完成仿真任务 1～6。

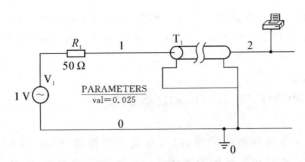

图 3.3.3 - 2　正弦稳态仿真电路

仿真步骤提示:

1)启动 OrCAD/Capture CIS

双击桌面 Capture CIS 图标→OrCAD Capture→OK。

2)创建工程

在主菜单栏中选择 File→New→Project,在 New Project 窗口中输入工程名,保持默认 PSpice Analog or Mixed A/D 选项选中,设置工程文件存储在 F 盘,单击 OK,在弹出的 Create PSpice Project 窗口中选择 Create a blank project,单击 OK。

3)绘制电路原理图

步骤 1:放置元器件。在主菜单栏中选择 Place →Part,放置电阻(R/ANALOG)、交流源(VAC/SOURCE)、传输线(T/Design Cache)、参数元件(PARAM/SPECIAL)及接地(Place→Ground→0/SOURCE→OK)。

步骤 2:设置元件参数。电阻 $R_1 = 50\ \Omega$;VAC 交流源,幅值=1,相位=0°。双击 PARAM→New Property,打开 Add New Property 窗口,设置其 Name:VAL,Value:50,单击"Apply"按钮。

步骤 3:连线。在主菜单栏中选择 Place →Wire,按图 3.3.3 - 2 连线。

步骤 4:标注结点。在主菜单栏中选择 Place→Net Alias,根据图 3.3.3 - 2 标注结点。

4)设置仿真分析类型

在主菜单栏中选择 PSpice→New Simulation Profile,打开 New Simulation 窗口,在 Name 栏输入名称,单击 Create,在弹出的 Candence Product Choices 窗口中选择 PSpice A/D,单击 OK 按钮,弹出 Simulation Settings 窗口,在 Analysis type 下拉菜单中选择 AC Sweep 分析类型,设置 Start Frequency:3 GHz,End Frequency:3 GHz,Points/Decade:1,单击"确定"按钮。

同时,在 Options 框中勾选 Parametric Sweep 复选框,在 Sweep variable 框中

勾选 Global parameter 单选框，并输入扫描参量 Parameter name 为 VAL。在 Sweep type 框中设置 Start value：0，End Value：1，Increment：0.025，单击"确定"按钮。

3）仿真计算

在主菜单栏中选择 PSpice →Run，启动仿真计算。

4）查看结果

运行完成后，自动弹出后处理窗口，在菜单栏选择 Trace→Add Trace，打开 Add Traces 窗口，在输出变量框中选择相应结点电压或电流，单击 OK，查看仿真结果。

（1）开路状态下，从结点 1 观察沿线电压及电流波形，并确定驻波比和反射系数。

（2）短路状态下，从结点 1 观察沿线电压及电流波形，并确定驻波比和反射系数。

（3）终端接 50 Ω 匹配电阻时，从结点 1 观察沿线电压及电流波形，并确定驻波比和反射系数。

（4）终端接 300 Ω 电阻时，从结点 1 观察沿线电压波形，并在波形上采集数据点，计算驻波比、反射系数及终端负载阻抗。

（5）改变频率 $f=1600$ Hz，终端接 $2\ \mu$F 电容时，从结点 1 观察沿线电压波形。

（6）改变频率 $f=1600$ Hz，终端接 1.5 mH 电感时，从结点 1 观察沿线电压波形。

四、注意事项

（1）画出任务（1）至任务（4）的电压波形，并计算驻波比及反射系数。

（2）对任务（4）还需在波形上采集电压最大值、最小值及离负载端最近的电压最小值的距离三个数据，以便计算终端负载阻抗值。

参考文献[1, 16, 17, 18, 19]

第4章　电磁场开放实验

4.1　导体对电场分布的调整和控制作用的研究

一、设计要求与任务

在实际问题中,常常需要对电场集中、场强强的区域进行调整,否则易出现电晕放电现象。把导体引入电场,电场和导体发生相互作用,导体的引入会对电场的分布起到调整和控制作用。

本实验要求自行设计一个实验方案,在一个不均匀电场中,通过导体的引入,形成一小块匀强电场区域。

二、预习要求

(1)查阅相关资料,了解均匀电场形成的环境及改变电场分布的方法。

(2)了解 ANSYS Maxwell 2D 工程软件的适用范围,通过软件仿真,设计实验方案。

(3)按题目要求在开放实验开始前,设计好实验线路。

三、设备及材料

直流稳压电源	1 台
铜质电极	若干
导电纸	若干
数字万用表	1 块

四、实验报告书写要求(供参考)

• 基本原理及有关公式

- 设计的实验方案
- 仿真验证过程
- 实验过程
- 实验总结与体会

五、验收内容

现场测试,在指定的区域内电场强度 E 能满足任务要求。

4.2 均匀磁场实现方法的研究

一、设计要求与任务

在实验室或工业中常常希望获得在某个空间内的均匀磁场。例如,在质谱仪、磁控管及回旋加速器中需要有均匀磁场。获得均匀磁场的方法较多。例如,亥姆霍兹线圈轴线中点附近的磁场,长直螺线管线圈中间部分的磁场以及球形线圈球内的磁场等均为或近似为均匀磁场。本实验要求自行设计一个实验方案,实现在一定空间内的均匀磁场。

二、预习要求

(1) 查阅相关资料,了解实现均匀磁场的方法。

(2) 选定几种实现均匀磁场的方法,并通过工程软件或自行编程进行仿真分析。

(3) 在开放实验开始前,设计好实验线路。

三、设备及材料

直/交流电源	各 1 台
各种形状的线圈	若干
毫特斯拉计	1 台
测试小线圈	1 个

四、实验报告书写要求(供参考)

- 基本原理及有关公式
- 设计的实验方案
- 实验过程
- 实验总结与体会

五、验收内容

现场测试,在指定的区域内满足均匀磁场的要求。

4.3 电磁炮模型的设计与制作

一、设计要求与任务

电磁炮是利用电磁力代替火药爆炸力加速弹丸的现代电磁发射系统。它也是利用电磁发射技术制成的一种先进的动能杀伤武器。目前的电磁炮主要有线圈炮、轨道炮、电热炮、重接炮。本实验要求自制一个线圈炮,并通过电磁场理论知识,分析线圈炮炮管中的电磁特性以及炮弹在其中的受力情况。

线圈炮的主要部件是螺线管线圈和弹体。螺线管线圈是由漆包线均匀地密绕在炮筒上构成的;弹体可分为线圈弹体与铁磁质弹体。本实验要求查阅相关资料,自行设计、绕制线圈炮用的螺线管,选择弹体,完成弹体由螺线管中射出的任务。

二、预习要求

(1)查阅相关资料,了解线圈炮的基本原理,给出磁感应强度 B 在端口处轴向与径向分量的计算公式。

(2)绕制线圈炮用的螺线管,选择合适的弹体。

(3)按题目要求在开放实验开始前,设计好实验线路。

三、设备及材料

自制螺线管线圈	1个
直流稳压电源	1台
单相变压器 220 V/0~250 V	1台
交流电流表 0.5/1 A	1块
滑线变阻器 100 Ω	1块
毫特斯拉计	1台

四、实验报告书写要求(供参考)

- 应用前景
- 基本原理及有关公式
- 螺线管线圈及弹体的尺寸
- 实验过程
- 实验总结与体会

五、验收内容

现场演示弹体弹出过程。

4.4 电感线圈设计程序的实现

一、设计要求与任务

(1)根据表 4.4-1 提出的输入参数,运用 VB、VC++等编程工具,完成由多层铜线密绕的电感线圈设计系统的编程工作。

表 4.4-1 电感线圈输入参数

输入参数	参数值举例
最大电流	3 A
额定电感	45.21 mH
线圈期望长度	230 mm
额定电感允许偏差	0.5 mH

（2）完成后的设计系统，要求能得到如下输出显示：

①额定电感；

②直流电阻；

③线圈内径；

④线圈外径；

⑤线圈长度；

⑥铜导线线径；

⑦铜导线长度；

⑧线圈匝数；

⑨线圈层数；

⑩线圈每层匝数。

（3）设计系统具有的功能：

①具有输入参数纠错功能。当输入数据不符合要求时，弹出信息提示窗，要求重新输入参数。

②能根据额定电感允许偏差值，自动迭代计算，直至得到最佳的最终电感值。

③具有判断功能。当满足条件的值存在时，输出最终结果；当循环迭代 10 000 次后，仍然不能满足条件时，提示"给出的设计要求不能得到正确的计算结果，请重新输入参数！"。

④具有设计系统封面，在封面上设有开始设计按钮及退出系统按钮。

⑤在参数输入及结果输出页面，设有数据提交按钮、数据重录按钮及退出系统按钮。

（4）利用 ANSYS Maxwell 2D 工程软件对设计系统求得的结果值进行校验（以表 4.4-1 提供的数据为例）。

（5）对给定的电感线圈进行实际测量，并与设计程序的输出值进行比较，分析误差原因（以表 4.4-1 提供的数据为例）。

（6）测量电感线圈在指定电流下的磁场。

二、预习要求

(1)查阅计算线圈电感的经验公式。

(2)掌握应用 ANSYS Maxwell 2D 工程软件计算电感的方法。

(3)设计测试电感线圈的电感与电阻的线路图。

三、设备及材料

单相变压器 220 V/0～250 V	1 台
数字万用表	1 块
电感线圈	1 个
交流电流表 0.5/1A	1 块
低功率因数计 D34	1 块
滑线变阻器 100 Ω	1 块
毫特斯拉计	1 台

四、实验报告书写要求(供参考)

- 工程背景
- 有关公式
- 程序设计思路
- 验证程序实验过程
- 实验总结与体会
- 附件:多层铜线密绕的电感线圈设计系统源程序

五、验收内容

用设计程序对参数已知的电感线圈进行现场测试。

4.5 干式空芯电抗器匝间短路故障在线检测

干式空芯电抗器匝间短路故障在线检测系统实验平台由以下几部分构建而成：电网电源、调压器、补偿电容、电抗器样品模型、数据采集卡、接线盒、连接电缆和计算机。实验平台如图4.5-1所示。

图 4.5-1 实验平台

考虑到本科生现有的知识面及有限的科研工作能力，将整体的工作任务分块细化。设置如下开放式实验的选题：

（1）基于 ANSYS Maxwell 2D 的干式空芯电抗器匝间短路故障前后工频电磁特性的仿真计算。具体内容如下：

①干式空芯电抗器匝间短路故障前后电感参数的计算方法；

②干式空芯电抗器匝间短路故障前后电流分布特性的计算；

③干式空芯电抗器匝间短路故障前后磁场分布特性的计算。

（2）干式空芯电抗器匝间短路在线检测方法的确定。

（3）基于 LabVIEW 的干式空芯电抗器匝间短路在线检测数据采集任务的实现。

(4)基于 LabVIEW 的干式空芯电抗器匝间短路在线检测数据处理(信号的放大、滤波)系统的研制。

(5)基于 LabVIEW 的干式空芯电抗器匝间短路在线检测用户界面的设计。

(6)干式空芯电抗器匝间短路故障报警电路的实现。

以上选题,学生可以根据自己的兴趣选择其中一个或几个进行实验。

二、预习要求

(1)查阅干式空芯电抗器的相关资料,了解电抗器的用途、故障类型。

(2)按所选题目查阅相关资料,在开放实验开始前,设计好测试线路图。

三、设备及材料

调压器	1台
补偿电容	1个
电抗器样品模型	1台
数据采集卡	1块
接线盒	1个
计算机	1台
面包板	若干
相关元件(按学生设计的电路提供)	

四、实验报告书写要求(供参考)

- 工程背景
- 有关公式
- 程序设计思路
- 验证程序实验过程
- 实验总结与体会
- 附件:源程序(如果有编程部分)

五、验收内容

根据所选题目,进行现场验收。

4.6 避雷针防护区域的可视化实现

一、设计要求与任务

　　避雷针是由截闪器、引下线和接地装置组成的防雷保护装置。它的发明,是早期电磁学研究中第一个有重大使用价值的研究成果。在实际问题中,常常需要根据建筑物内部的引线分布、建筑结构及金属设备安放位置等因素,布置安全经济的防雷系统。避雷针防护区域的确定,是设计防雷系统的重要参考指标。

　　本实验要求自行设计 MATLAB 程序,在已知避雷针的支数、高度及其布置的情况下,程序能实现防护区域的计算,得出其防护区域的三维效果图,并直接分析出能否受到避雷针的保护。

二、预习要求

　　(1) 查阅相关资料,了解避雷针的工作原理、物理构造及典型模型。
　　(2) 查找典型避雷针防护区域的计算方法。
　　(3) 掌握 MATLAB 编程方法及图形用户界面 GUI 设计方法。

三、设备及材料

　　计算机　　　　　　　　　　　1 台

四、实验报告书写要求(供参考)

　　· 给出避雷针的工作原理、物理构造及典型模型
　　· 不同模型下避雷针防护区域的计算公式
　　· 程序设计技巧
　　· 仿真验证过程说明
　　· 实验总结与体会

五、验收内容

现场测试程序能否完成指定参数的计算。

4.7 家电保护器的设计与制作

一、设计要求与任务

家用电器在使用过程中,如遇过流、过压等因素干扰,极易造成损坏。特别是雷电天气,瞬间蹿入的感应电压对其更具破坏力。这是因为雷电产生时会在四周产生强大的电磁脉冲,由于产生到消失都在一瞬间完成,其周围磁场变化极为迅速,当磁场中间有导线等金属物体时,就会产生极高的感应电压,如果这条导线连接着家用电器,那么瞬间蹿入的高压将会对其造成破坏。

本实验要求自行设计并制作一个家电保护器。保护器具有过流、过热、过压、滤波四重防护效果。

二、预习要求

(1)查阅相关资料,了解防浪涌保护电路的实现方法。
(2)熟悉实现家电保护器功能所需元器件及其型号。
(3)按题目要求在开放实验开始前,设计好实验电路。

三、设备及材料

压敏电阻	若干
过热保险管	1个
电容 1.0 μF	1个
带磁芯滤波电感	2个
万能板	1块
保险管 25 A	1个

· 基本元件介绍
· 设计的实验方案
· 实验过程
· 实验总结与体会

五、验收内容

现场验收。

4.8 利用电涡流传感器实现对金属表面的无损检测

一、设计要求与任务

电涡流检测技术是一种无损、无接触检测技术。由于采用的电涡流传感器具有结构简单、灵敏度高、测量线性范围大、不受油污等介质的影响,因而被广泛地应用于机械制造、电力、化工、航空等许多部门中的位移、尺寸、厚度、温度等的测量,以及探测金属材料表面裂纹和缺陷。

本实验要求利用电涡流传感器自行设计并实现一个可以检测金属表面是否有裂纹的无损检测系统。当检测出裂纹时可实现软硬件同时报警。

二、预习要求

(1)查阅相关资料,了解无损检测的各种方法。
(2)熟悉电涡流传感器的结构、工作原理及特性。
(3)掌握 NI myDAQ 数据采集方法,设计适合采集平台处理的信号调理电路。
(4)掌握 LabVIEW 数据流编程工具。

三、设备及材料

NI myDAQ   1 块

电涡流传感器	1 台
面包板	1 块
蜂鸣器	1 个
发光二极管	1 个
调理电路元件（按学生设计的电路提供）	
三端稳压器	若干
计算机	1 台(安装有 LabVIEW2013 及 NI myDAQ 驱动)

四、实验报告书写要求(供参考)

- 电涡流传感器的结构、工作原理及特性介绍
- 设计的实验方案
- 实验过程
- 实验总结与体会

五、验收内容

现场验收,对有裂纹的金属可实现软硬件报警功能。

4.9 分裂导线周围的电场分析及其设计

一、设计要求与任务

分裂导线是高压、超高压输电线路为抑制电晕放电和减少线路电抗所采用的一种导线架设方式,即每相导线由几根直径较小的分导线组成,各分导线间隔一定距离并按对称多边形排列。

本实验要求确定在考虑地面影响时,直流和交流分裂输电线周围最强电场处最大电场强度随分裂股数、分裂半径而变的通用的函数关系,并根据已确定的函数关系编制分裂导线设计程序。

二、预习要求

(1)查阅相关资料,了解分裂导线的作用、架设方式。

（2）整理归纳分裂导线周围最强电场处最大电场强度随分裂股数、分裂半径而变的通用的函数关系。

（3）掌握 ANSYS Maxwell 2D/3D 仿真方法。

（4）掌握 MATLAB 编程方法。

三、设备及材料

计算机　　　　　　　　　1 台

四、实验报告书写要求（供参考）

· 分裂导线介绍
· 编写设计程序所需的各种计算公式
· 程序设计技巧
· 仿真验证过程说明
· 实验总结与体会

五、验收内容

现场验收，ANSYS Maxwell 2D/3D 仿真结果与自编程序结果相近。

附录 I 学生实验制度

1. 实验室是教学实验和科学研究的重要基地,与实验无关的人员未经许可不得擅自进入实验室。学生在实验室进行教学实验必须遵守实验室有关的规章制度。

2. 学生实验前必须认真预习实验指导书,明确实验目的、步骤,初步了解实验所用仪器的性能、使用方法和安全注意事项,并写出预习报告(作为正式报告的一部分)。未写预习报告或无故迟到者,指导人员有权停止其实验。

3. 进入实验室不得高声喧哗,不得随便移动实验台上的仪器设备。不随地吐痰,不乱抛纸屑杂物,保持室内整洁卫生。实验室内禁止吸烟、吃东西,杜绝发生意外事故。

4. 实验中严格遵守操作规程,服从指导教师指导,实验线路连接完毕经指导教师检查后方可接通电源进行实验。如实、认真做好原始记录,不得抄袭他人实验结果。

5. 数据测试完毕,应认真检查实验数据有无遗漏或不合理的情况,原始记录需经指导教师审阅签字后方能拆除线路,并将实验台上各种器件摆放整齐。原始数据应作为实验报告的附件。

6. 爱护实验室仪器设备工具,如违反操作规程或不听从指导而造成仪器设备工具等损坏者,应按"实验器材借用、损坏、丢失赔偿暂行办法"进行处理。

7. 实验中注意安全,遇到事故要立即切断电源、火源,报告指导教师进行处理。大的事故应保护好现场,等待处理。

8. 实验完毕应将仪器、工具归还原处,实验场所清理干净,经指导教师检查后方可离开实验室。

9. 实验后,学生必须以实事求是的态度认真分析实验结果,撰写实验报告,不得抄袭或臆造,并应按时交送实验报告。撰写实验报告时若发现原始数据不合理,不得随意涂改,及时与指导教师联系,采取可能的补救措施。

附录Ⅱ 主要仪器介绍

Ⅱ.1 GVZ–4型导电微晶静电场描绘仪

GVZ–4型导电微晶静电场描绘仪如图Ⅱ.1-1所示,它可用来模拟研究静电场的分布特性。描绘仪由专用可调电源和描绘仪箱体组成。

专用可调电源既可以输出电压,又可以测量电压。作为电源,需要将电源面板左上方的"测量/校正"开关置于"校正"挡,可调节面板右方区域的"电压调节"旋钮至需要的电压值,其输出电压的范围为7~13 V;作为测量仪器,需要将"测量/校正"开关置于"测量"挡。无论是输出电压还是测量电压,均可在电源面板的显示屏上读出电压数值。

描绘仪箱体内置4种类型电极模型。电极被直接加工在导电微晶板上,其引线在箱体内部与箱体左侧的电源输入接线柱连接。电极间的导电微晶板是线性、均匀、各向同性且电导率远小于电极电导率的不良导电媒质。导电微晶板表面刻有坐标刻度,除同心圆电极模型采用极坐标外,其余电极模型均采用直角坐标。

4种电极模型包括两个平行条形电极、两个小圆形电极、两个同心圆形电极和劈尖形电极等,可分别用于模拟研究平板电容器、两平行长直带电圆导线、同轴电缆以及高压尖端放电体等的电场分布。

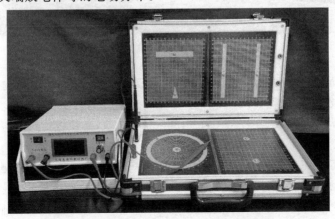

图Ⅱ.1-1 GVZ—4型导电微晶静电场描绘仪

使用 GVZ-4 型导电微晶静电场描绘仪测量电场的主要步骤如下：

(1)连线。将专用电源的 7～13 V 电压输出端连接至描绘仪箱体的电源输入端，将红黑测量线连接至专用电源面板上的"探针测量"端，将黑色表笔连接至箱体上的负极(黑)端。

(2)打开专用电源开关。

(3)调节电源输出电压。将电源面板左上方的开关置于"校正"挡，调节右侧"电压调节"旋钮，将电压调至所需要的数值。

(4)开启电源测量功能。将电源面板左上方的开关置于"测量"挡，此时电源面板上的电压值显示 0 V。

(5)测量。在导电微晶上移动红色表笔，专用电源面板显示屏即可显示出表笔所在点处的电位值。

Ⅱ.2　CH-1500 高斯/特斯拉计

CH-1500 高斯/特斯拉计如图Ⅱ.2-1 所示，它可用于测量直流和交流磁场。

图Ⅱ.2-1　CH-1500 高斯/特斯拉计

仪器后面板上主要有电源组件、RS-232C 串行通信端口、工控输入输出接口以及探头连接器等，如图Ⅱ.2-2 所示。探头连接器与传感器探棒连接。传感器探棒的探头为霍尔探头，在连接 CH-1500 电源之前，必须将传感器探棒连接至后面板，更换探头时，必须先切断电源。

仪器前面板可分为三个区域：显示屏区域、仪器参数设置区域和测量参数设置区域，如图Ⅱ.2-3 所示。显示屏分为 5 行：第 1 行显示当前量程、直流或交流测量模式、归零触发；第 2 行显示测量读数及单位；第 3 行、第 4 行分别显示最大值、最小值锁定值；第 5 行显示测量时间及机内环境温度或探测点温度(需使用带温度传感器的探头)。在仪器参数设置区域，按 Menu 键可进入设置界面，能进行日期

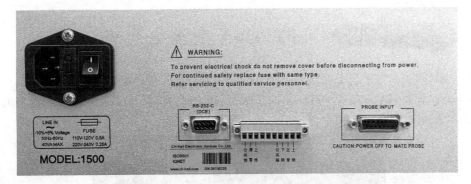

图Ⅱ.2-2　CH-1500高斯/特斯拉计的后面板

调整、仪器校正、阈值设定、亮度调节、存储模式设定以及波特率选择等操作。在测量参数设置区域,AC/DC、Units 和 Range 键分别用于设置直流或交流测量模式、测量单位和测量量程,测量单位有 Gs(高斯)、mT(毫特斯拉)及 A/m(安培/米),直流测量范围为 0～3 T,在 30 Hz～30 kHz 测量频率范围内,交流测量范围也为 0～3 T;Max/Min 键用于开启或关闭峰值测量功能;Save 键用于按设定方式进行存储数据;按下 Zero 键,则当前磁场值归零。

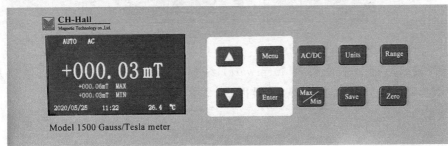

图Ⅱ.2-3　CH-1500高斯计/特斯拉计的前面板

使用 CH-1500 高斯/特斯拉计测量磁场的主要步骤如下:

(1)将传感器探棒连接于 CH-1500 高斯/特斯拉计后面板的探头连接器上。

(2)打开 CH-1500 高斯/特斯拉计电源开关,预热 20～30 min。

(3)按 AC/DC 键选择直流或交流测量模式。

(4)按 Units 键选择测量单位。

(5)按 Range 键选择测量量程。

(6)将传感器探头远离被测磁场区域,按下 Zero 键,完成校零。

(7)测量。测量时应调整探头,使霍尔芯片与磁场方向垂直。

Ⅱ.3 SM2030A 交流毫伏表

SM2030A 数字交流毫伏表如图 Ⅱ.3-1 所示，它可用于测量频率为 5 Hz～3 MHz、有效值为 50 μV～300 V 的正弦交流电压。仪表具有两个独立的输入通道，可同时测量并显示两个通道信号的电压值。

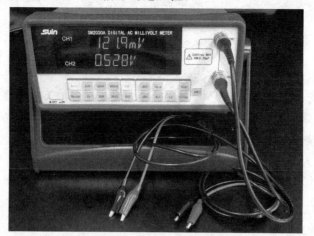

图Ⅱ.3-1　SM2030A 交流毫伏表

仪表的后面板上主要有 Firmware1 编程接口、RS232 程控接口、风扇及 220 V/50 Hz 0.5 A 电源插座，如图Ⅱ.3-2 所示。

图Ⅱ.3-2　SM2030A 交流毫伏表的后面板

仪表的前面板可分为显示屏区域及测量参数设置区域。测量电压时，显示屏区域可以显示被测电压的有效值、峰-峰值、电压电平、功率电平等多种测量结果；在设置测量参数时，则可以显示量程转换方式、量程、单位等多种操作信息。在测量参数设置区域，通过 Auto 键与 Manual 键两键互锁方式选择改变量程的方法。

按下 Auto 键,切换至自动选择量程;按下 Manual 键,切换至手动选择量程。仪表量程可选择 3 mV～300 V。通过 CH1 键与 CH2 键两键互锁方式选择输入通道。通过 dBV 键、dBm 键及 Vpp 键三键互锁方式,可将测得的电压值用电压电平、功率电平及峰-峰值来表示。此外,还设有归零键 Rel、通道显示选择键 L1 和 L2、进入或退出程控键 Rem、开启或关闭滤波器功能键 Filter 以及接地功能键 GND 等。

使用 SM2030A 数字交流毫伏表测量交流电压的主要步骤如下:

(1)打开仪表前面板左下方的电源开关,预热 30 min 以上。

(2)按下 L1 键,选择显示屏第 1 行,设置该行有关参数。

(3)按 Auto 键或 Manual 键选择量程转换方法。按下 Auto 键,自动选择量程;按下 Manual 键,手动选择 3 mV～300 V 的量程。

(4)设置被测电压显示方式,默认为电压有效值。按下 dBV 键、dBm 键、Vpp 键,则显示电压电平、功率电平,电压峰-峰值,三键互锁。

(5)按下 L2 键,选择显示屏的第 2 行,设置该行有关参数。方法如上述步骤(2)～(4)。

(6)输入被测电压信号。

(7)读取测量结果。

Ⅱ.4　EMWLab 微波测量线综合实验系统

EMWLab 微波测量线综合实验系统如图Ⅱ.4-1所示,它可用于测量传输线终端接不同阻抗负载时沿传输线的电压幅值,并能给出传输线上的电压驻波比。该系统主要由主机、开槽同轴传输线和电压探针等构成。

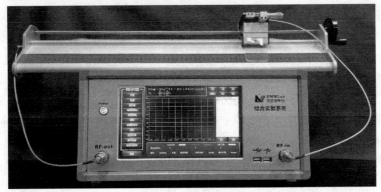

Ⅱ.4-1　EMWLab 微波测量线综合实验系统

主机包括高频信号发射器、信号接收器及计算机系统等,能够产生 138 MHz

～4.5 GHz 频率范围内的任意高频信号,可测量并记录传输线上对应点内外导体间的电压幅值。在测量线实验的用户界面(见图Ⅱ.4-3),可以设置实验参数,发送回删、采集、精测、图像展示、复位、保存及读取数据等命令。实验设置参数主要有:信号源发射频率、探针初始位置、当前位置、终止位置、采样点距、负载状态等。其中,当前位置一般取与初始位置相同,负载状态包括匹配负载、开路负载和短路负载三种情况。在测量线实验的用户界面,点击"采集"按钮,系统即开始采集电压;每点击一次"采集"按钮,系统即采集一个电压幅值,并在屏幕上同步以列表和图像方式显示。在采集要求精测时,可以选择"精测"按钮。此外,还可点击用户界面左侧知识框内容进行参考及学习。

Ⅱ.4-2 系统主界面

开槽同轴传输线即在同轴传输线的外导体上,沿轴向开有一条缝隙。开槽传输线被连接于正弦电压源和待测的阻抗之间。在开槽传输线的缝隙中,放入一个电压探针(探针实际上是一个偶极子接收天线),用于测量内外导体间的电压幅值。当探针在传输线上移动时,点击主机屏幕上的"采集"按钮,系统即可测得传输线上探针所在处的内外导体间电压幅值。

使用 EMWLab 微波测量线综合实验系统测量传输线上电压分布的主要步骤如下:

(1)用射频电缆从系统主机输出端口(RF-out)连接至测量线输入端,测量线检测端口(滑块处)与系统主机的输入端(RF-in)相连。

(2)打开系统电源。

(3)在如图 II.4-2 所示的系统主界面点击"测量线实验",进入测量线实验的用户界面,如图 II.4-3 所示。

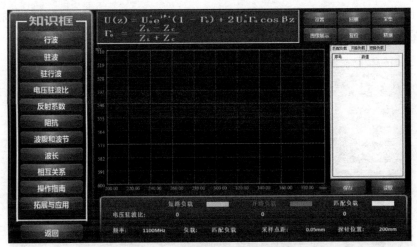

Ⅱ.4-3　测量线实验的用户界面

（4）点击屏幕左侧知识框的相关内容进行参考或学习。

（5）点击屏幕右上角的"设置"按钮设置信号源发射频率，探针初始位置、当前位置、终止位置、采样点距，负载状态等，如图Ⅱ.4-4所示。

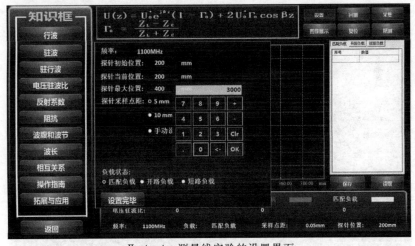

Ⅱ.4-4　测量线实验的设置界面

（6）调整测量线装置，与（5）中的设置参数一致。

（7）连接终端负载。

（8）开始实验。按照设置的探针采样点距离，缓慢转动传输线右侧的手轮，移动测量线装置上的滑块，在设定位置处，点击屏幕右上角的"采集"按钮进行一次数据采集,继续移动、采集,直到设定的"探针最大位置"。图Ⅱ.4-5为终端开路时测量线的实验结果屏幕显示。

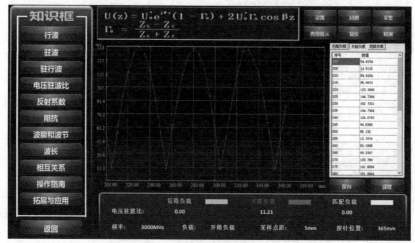

图Ⅱ.4-5 开路负载测量线实验结果

(9)精测。点击屏幕右上方"精测"按钮,设置精测范围、测量步进,调整测量线装置上的滑块,重新采集测量,如图Ⅱ.4-6所示。

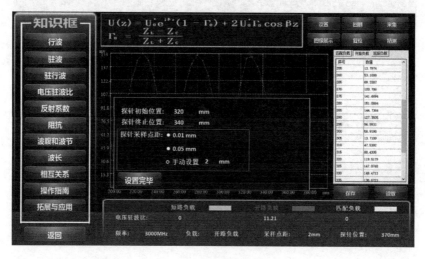

图Ⅱ.4-6 精测设置界面

Ⅱ.5 DQ-3型数字式冲击电流计

DQ-3型数字式冲击电流计是一种主要用于测量短时间脉冲所迁移的电量的数字式测量仪表。还可用来测量与此相关的物理量，如电容器的电容量、电感器的电感量和直流磁场的磁感应强度等。

该仪器面板如图Ⅱ.5-1所示，用3位半LED数码管显示测量结果，数据可自动保持，直至被下一次的测量数据自动取代。

Ⅱ.5-1 DQ-3型数字冲击电流计

量程：19.99×10^{-9} C，199.9×10^{-9} C。

分辨率：10^{-9} C。稳定度：在额定工作条件下经15 min预热及调零后，工作温度偏离调零温度±5℃，仪器漂移＜±2个字；仪器在调零状态下，漂移＜±1个字。

使用条件：在-10℃～40℃温度下可连续工作；供电电压AC220 V±10%。

1. 使用方法

（1）接通电源开关，数码管亮，预热15 min；

（2）拨向"量程选择"，选择合适的量程；

（3）"调零开关"拨向"调零"，旋动调零旋钮，使显示"000"；

（4）"调零开关"拨向"测量"，仪器处于待测状态；

（5）当输入一短时间脉冲电流时，仪器自动消除前面的数据而将该次测量数据显示在屏上；

（6）若显示为"±1"，则仪器过载，应更换大挡量程重新调零测量，或减小电路中的电压及电流，使实验正常进行；

（7）当冲击信号较少，显示约在±100以内时，误差较大，这时应更换小挡量程重新调零测量。

2. 注意事项

（1）由于测量对象为短时间脉冲电流所迁移的电量，这种信号包含多种谐波成分，仪器中无法加入多种滤波器，故仪器无法消除较大的串态干扰。当使用环境存在较大的串态干扰时，输入连接线应尽量短，最好用屏蔽线，并屏蔽机壳。

（2）若电源开关连续多次动作，小数点有可能丢失，并显示"±1"，这时应多次揿动"量程选择"，直到小数点重新出现为止。

（3）本仪器只适用于测量单次回零脉冲量。

附录Ⅲ ANSYS Maxwell 2D/3D 软件使用介绍

1. ANSYS Maxwell 2D/3D 简介

ANSYS Maxwell 是业界领先的电磁场仿真软件,用于分析和设计电动机、驱动器、传感器、变压器以及其他电磁及机电设备。ANSYS Maxwell 包括 Maxwell 2D 和 Maxwell 3D,分别用于二维和三维问题的静电场、恒定磁场、涡流场及瞬态场仿真分析和设计。Maxwell 2D 具体又可应用于平行平面二维场和轴对称场两种情况。ANSYS Maxwell 分为电场和磁场两类共计 6 种求解器,具体如下:

1)静磁场求解器(Magnetic>Magnetostatic Field Solver)

静磁场求解器用于计算给定直流电流和永磁体分布的结构中的静磁场,可以分析包含线性和非线性材料的结构,电感矩阵、力、转矩和磁链等也可以由储存在磁场中的能量计算出来。

2)涡流场求解器(Magnetic>Eddy Current Field Solver)

涡流场求解器用于计算给定的交流电流分布的结构中存在的磁场,同时计算电流密度。考虑涡流效应(包括集肤效应),阻抗矩阵、力、转矩、磁芯损耗和电流也可以从求得的磁场解中计算出来。

3)瞬态场求解器(Magnetic>Transient Solver)

瞬态场求解器用于计算由电压和/或电流源供能的永磁体、导体和绕组引起的随时间、位置和速度任意变化的瞬态(时域)磁场,它也可以与外部电路协同仿真,仿真中可包含旋转或平移运动效果。

4)静电场求解器(Electric>Electrostatic Field Solver)

静电场求解器用于计算给定的直流电压和静电荷分布的结构中存在的静态电场,可自动计算电容矩阵、力、转矩和磁链等参数。

5)交流传导求解器(Electric>AC Conduction Solver)

交流传导求解器用于在给定交流电压分布的情况下,计算具有导电和介电特性的材料中的交流电压和电流密度分布,可以计算导纳矩阵和电流。

6)直流传导求解器(Electric>DC Conduction Solver)

直流传导求解器用于计算给定直流电压分布的有损耗介质中流动的直流电流,可以计算电导矩阵和电流。

2. ANSYS Maxwell 仿真分析基本过程

(1)创建 Maxwell 项目设计文件,选择求解器和坐标系;

(2)绘制几何模型;

(3)赋予材料属性;

(4)施加激励和边界条件;

(5)添加力、转矩、电感、电容等求解参数;

(6)设置网格剖分;

(7)设置求解选项;

(8)检验模型;

(9)求解计算;

(10)后处理,即查看求解结果。

具体地,以 Maxwell 2D 为例,主要的仿真分析步骤如下:

1)创建 Maxwell 项目设计文件,选择求解器和坐标系

步骤 1:双击桌面上的 ANSYS Electronics Desktop 图标,打开软件主界面,同时新建一个工程项目 Project1. aedt,如图Ⅲ-1 所示。主界面主要有 6 个工作区域:工程管理栏、工程树栏、工程绘图区、工程状态栏、工程信息栏及工程进度栏。

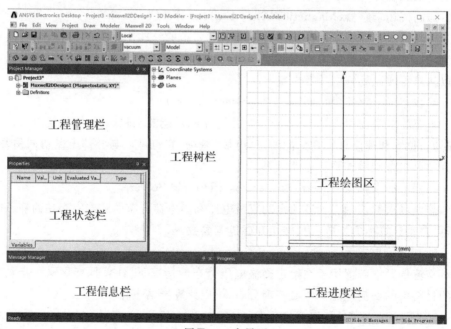

图Ⅲ-1　主界面

步骤 2：插入新 Maxwell 2D 设计文件。在主菜单栏中选择 Project → Insert Maxwell 2D Design，即可在工程项目 Project1 中插入一个 Maxwell2DDesign1 设计文件。

步骤 3：选择求解类型。在工程管理栏中右击 Maxwell2DDesign1，选择 Solution Type，打开 Solution Type 窗口（如图Ⅲ-2所示），选择坐标系和求解器。

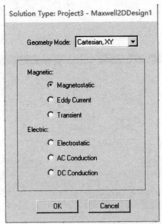

图Ⅲ-2　Solution Type 窗口

2）绘制几何模型

步骤 1：设置绘图单位。在主菜单栏中选择 Modeler → Units，打开 Set Model Units 窗口，选择绘图单位。

步骤 2：绘制几何模型。在主菜单栏中单击 Draw，选择下拉菜单中的 Point、Line、Arc、Rectangle、Circle、Region 等绘制点、线、圆弧、矩形、圆形、场域等几何模型。

3）赋予材料属性

在工程树栏中右击几何模型，选择 Assign Material，打开图Ⅲ-3所示的 Select Definition 窗口，选择所需材料。也可以单击 Add Material 添加新材料。

4）施加激励和边界条件

步骤 1：在工程树栏中右击几何模型，选择 Assign Excitation，设置激励类型及参数。

步骤 2：选中场域边界边或面，单击鼠标右键，选择 Assign Boundary，设置边界条件类型。对于开域场，通常可选择 Balloon 边界条件。

5）添加力、转矩、电感、电容等求解参数

在工程管理栏中右击 Parameters，选择 Assign → Matrix/Force/Torque。

6）设置网格剖分

Maxwell 软件会对模型进行自适应剖分，用户可以不进行操作。有时为了在

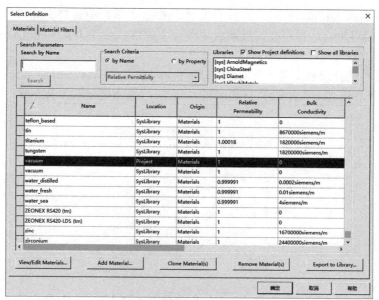

图Ⅲ-3　Select Definition 窗口

感兴趣的区域得到更精确的解,或加速收敛过程,也可以选择人工设置网格剖分。具体地,在工程管理栏中右击 Mesh Operations,选择 Assign 进行相关设置。

7)设置求解选项

在工程管理栏中右击 Analysis,选择 Add Solution Setup,打开 Solve Setup(求解设置)对话框,设置自适应迭代求解停止条件,包括 Maximum Number of Passes(最大允许求解次数),和 Percent error(设定误差)等。

8)检测模型

在主菜单栏中选择 Maxwell 2D → Validation Check。

9)求解计算

步骤 1:启动分析计算。在工程管理栏中右击 Analysis,选择 Analyze All。

步骤 2:查看收敛情况。在工程管理栏中右击 Analysis 下拉菜单下的 Setup1,选择 Convergence,即可查看收敛情况。

10)后处理

步骤 1:查看求解参数。在工程管理栏中右击 Results,选择 Solution Data,打开 Solutions 窗口,单击 Matrix/Force/Torque 选项卡,可以查看对应求解参数。

步骤 2:查看场图。在工程树栏中右击几何模型,选择 Fields 对应场量,即可查看模型的场量分布图。也可按 Ctrl+A 键,选中所有几何模型,查看整个场域的场量分布图。

附录 Ⅳ　PSpice 工程软件使用介绍

1. PSpice 简介

PSpice 是由 Spice(Simulation Program with Integrated Circuit Emphasis)发展而来的用于微机系列的通用电路分析程序,于 1972 年由美国加里福尼亚大学伯克利分校的计算机辅助设计小组利用 FORTRAN 语言开发而成,主要用于大规模集成电路的计算机辅助设计。1985 年伯克利分校用 C 语言对程序进行改写并由 Microsim 公司推出正式商用化版本。在 1988 年 Spice 被定为美国国家工业标准。1998 年著名的 EDA 商业软件开发商 OrCAD 公司与 Microsim 公司正式合并,PSpice 程序因此更名为 OrCAD PSpice A/D。在 2000 年,OrCAD 公司被 Cadence 公司收购,目前已经推出 Cadence OrCAD Capture CIS 17.2 版本。

OrCAD 是一套完善的 EDA 系统,它包括 OrCAD Capture、PSPICE、OrCAD Layout 和 OrCAD PCB Designer 等几大模块,无缝隙地实现电子电路设计自动化全过程。

PSpice A/D 是一种复杂的模/数混合仿真器,是 PSpice 的一种超集功能模块,允许仿真任何尺寸的模拟和数字部分的模/数混合电路设计。

OrCAD PSpice 中基本的分析的类型有以下 4 种:

(1)时域(瞬态)分析[Time Domain(Transient)]:在给定输入激励信号作用下,计算电路输出端的瞬态响应。

(2)直流分析(DC Sweep):当电路中某一参数(称为自变量)在一定范围内变化时,对自变量的每一个取值,计算电路的直流偏置特性(称为输出变量)。

(3)交流/噪声分析(AC Sweep/Noise):计算电路的交流小信号频率响应特性。

(4)基本工作点分析(Bias point):计算电路的直流偏置状态。

在选定基本分析类型后,还可以选择在该基本分析类型中要附加进行的电路特性分析。不同的基本分析类型对应的附加分析类型不同,主要包括以下 5 种:

(1)参数扫描分析:在指定参数值变化的情况下,分析相对应的电路特性。

(2)蒙特卡罗统计分析:模拟实际生产中因元器件值具有一定分散性所引起的电路特性分散性。

(3)最坏情况分析:蒙特卡罗统计分析中产生的极限情况即为最坏情况。

(4)温度分析:分析特定温度下的电路特性。

(5)灵敏度分析:计算电路中元器件的参数变化对输出变量的影响,包含直流灵敏度和交流灵敏度。

2. PSpice 仿真分析基本过程

(1)启动 OrCAD/Capture CIS。

(2)创建工程。

(3)绘制电路原理图。

(4)设置仿真分析类型。

(5)仿真计算。

(6)查看结果。

具体的仿真步骤如下：

1)启动 OrCAD/Capture CIS

双击桌面 Capture CIS 图标,弹出如图Ⅳ-1 所示的 Cadence Product Choices 窗口,选择 OrCAD Capture,单击 OK,出现如图Ⅳ-2 所示的主界面。

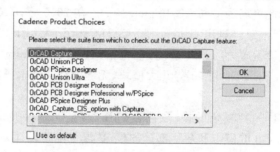

图Ⅳ-1　Cadence Product Choices 窗口

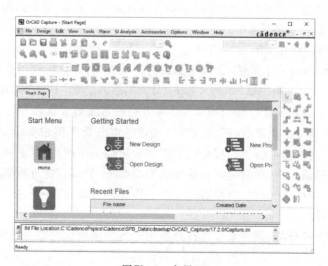

图Ⅳ-2　主界面

2)创建工程

在主菜单栏中选择 File→New→Project,打开如图Ⅳ-3所示的 New Project 窗口,输入工程名(如 abc),保持默认 PSpice Analog or MixedA/D 选项选中,单击 Browse 设置工程文件存储在 F 盘,单击 OK 按钮,弹出如图Ⅳ-4所示的 Create PSpice Project 窗口,选择 Create a blank project,单击 OK 按钮。

图Ⅳ-3　New Project 窗口

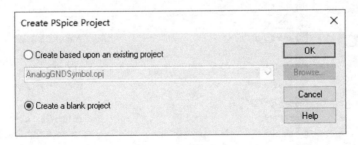

图Ⅳ-4　Create PSpice Project 窗口

3)绘制电路原理图

步骤1:添加元器件库。在主菜单栏中选择 Place→Part,在原理图绘制区的右侧出现 Place Part 窗口,如图Ⅳ-5所示。在 Place Part 窗口的 Libraries 区域,单击 Add Library 按钮(图中用框标出),打开如图Ⅳ-6所示的 Browse File 窗口,选择"analog",单击"打开"按钮,将 analog.olb 元件库添加至工程中,并依次添加 SOURCE.olb 和 SPECIAL.olb 元器件库。

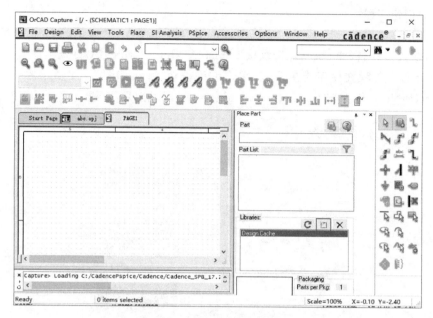

图Ⅳ-5　绘制原理图窗口

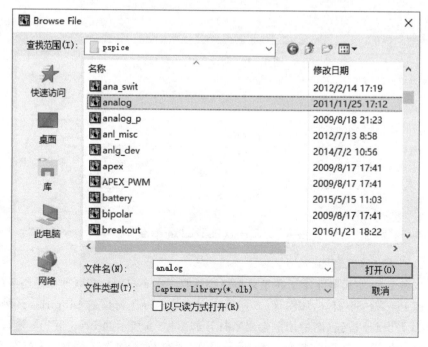

图Ⅳ-6　添加元器件窗口

步骤 2:放置元器件。在图Ⅳ-5 所示原理图绘制区右侧的 Place Part 窗口中，在 Part 栏输入元件首字母，如电阻(R)、电感(L)、电容(C)、电压源(V)、电流源(I)、传输线(T)等，在 Part List 栏双击搜索到的元件，此时鼠标上粘贴了一个元件，在原理图绘制区的合适位置单击可放置一个元件，单击鼠标右键选择 End Mode 可退出放置状态。

步骤 3:放置接地。在主菜单栏中选择 Place →Ground，打开如图Ⅳ-7 所示的放置接地元件的窗口，选择 0/SOURCE，单击 OK，在原理图绘制区单击鼠标左键放置一个接地元件，单击鼠标右键选择 End Mode 可退出放置状态。

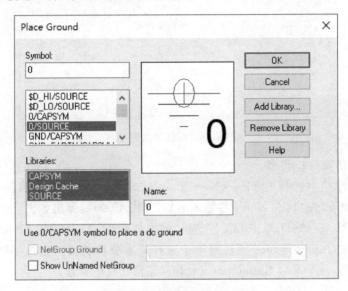

图Ⅳ-7 放置接地元件的窗口

步骤 4:设置元件参数。用鼠标双击元器件的图形符号或参数，弹出元件参数对话框，键入修改值。

步骤 5:连线。在主菜单栏中选择 Place →Wire，鼠标变成十字状，单击元件引脚的空心方形连接区，开始连线，在目标元件的连接区单击鼠标左键，完成连线。单击鼠标右键选择 End Mode 可退出连线状态。

步骤 6:标注结点。在主菜单栏中选择 Place →Net Alias，打开如图Ⅳ-8 所示的 Place Net Alias 窗口，在 Alias 文本框中输入结点号，单击 OK，鼠标上粘贴了一个结点，在原理图对应导线上单击放置一个结点。单击鼠标右键选择 EndMode 可退出放置结点。

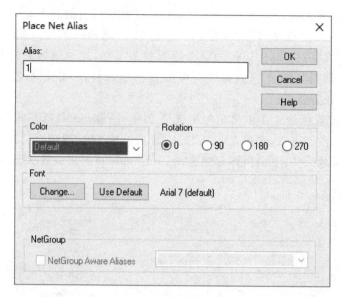

图Ⅳ-8　标注结点窗口

4)设置仿真分析类型

在主菜单栏中选择 PSpice→New Simulation Profile,打开如图Ⅳ-9 所示的
New Simulation 窗口,在 Name 栏输入名称,单击 Create,弹出如图Ⅳ-10 所示的
窗口,选择 PSpice A/D,单击 OK 按钮后,弹出如图Ⅳ-11 所示的 Simulation Set-
tings 窗口,在 Analysis type 下拉菜单中选择基本分析类型。分析类型设置也可
选择执行 PSpice →Edit Simulation Profile,编辑已有的设置。

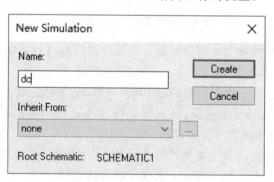

图Ⅳ-9　New Simulation 窗口

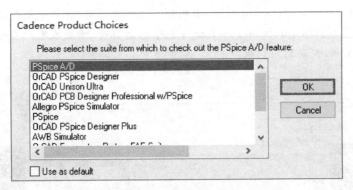

图IV-10　Candence Product Choices 窗口

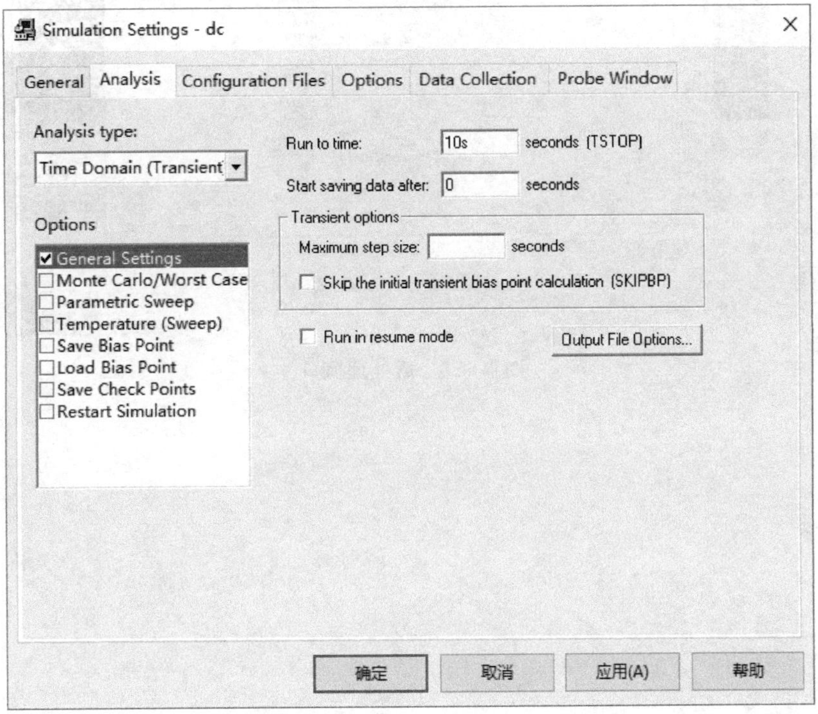

图IV-11　Simulation Settings 窗口

5）仿真计算

在主菜单栏中选择 PSpice →Run,启动仿真计算。

6）查看结果

运行完成后,自动弹出后处理窗口,在菜单栏中选择 Trace→Add Trace,打开 Add Traces 窗口,如图IV-12 所示,在输出变量框中用鼠标单击选择要输出的量,将其添加至 Trace Expression 栏中，也可以在 Trace Expression 文本框中直接输入变量名，还可利用 Function or Macros 栏中的运算符、函数或宏对变量进行运算处理，单击 OK，查看输出结果。

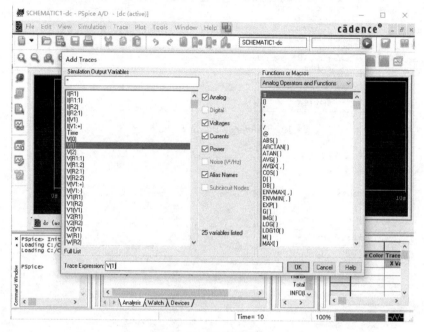

图Ⅳ-12　后处理窗口

参 考 文 献

[1]　赵录怀.电路与电磁场实验[M].北京:高等教育出版社,2001.

[2]　冯慈璋,马西奎.工程电磁场导论[M].北京:高等教育出版社,2000.

[3]　杨儒贵.电磁场与电磁波[M].2版.北京:高等教育出版社,2007.

[4]　海特,巴克.工程电磁场:第8版[M].赵彦珍,李瑞成,孙晓华,译.西安:西安交通大学出版社,2013.

[5]　许道展,杨佳珠."部分电容"实验的改进[J].北京工业大学学报,1989,15(2):74-80.

[6]　郝丽,董甲瑞."电磁场"课程中部分电容的实验方法讨论[J].电气电子教学学报,2011,33(4):58-60.

[7]　冯慈璋.电磁场实验与演示[M].北京:高等教育出版社,1987.

[8]　杨路明.基于多重镜像法的球形接地模型接地电阻的计算[J].中国科技信息,2010,(19):36-38.

[9]　马西奎,刘补生,邱捷,等.电磁场重点难点及典型题精解[M].西安:西安交通大学出版社,2000.

[10]　江家麟,宁超.电工基础实验指导书[M].2版.北京:高等教育出版社,1995.

[11]　王仲奕,刘补生,邱捷.《工程电磁场导论》习题详解[M].西安:西安交通大学出版社,2001.

[12]　谢处方,饶克谨.电磁场与电磁波[M].杨显清,王园,赵家升,修订.4版.北京:高等教育出版社,2009.

[13]　冯恩信.电磁场与波[M].西安:西安交通大学出版社,1999.

[14]　王仲奕,应柏青,郭咏红,等.开设"电磁感应现象观测"的综合实验[J].实验室研究与探索,2004,23(8):14-16.

[15]　HAUS H A,MELCHER J R.电磁场与电磁能[M].江家麟,等译.北京:高等教育出版社,1992.

[16]　贾新章.OrCAD/PSpice 9实用教程[M].西安:西安电子科技大学出版社,1999.

[17]　高文焕,汪蕙.模拟电路的计算机分析与设计:PSpice程序应用[M].北京:清华大学出版社,1999.

[18] 贾新章,郝跃.电子线路 CAD 技术与应用软件[M].西安:西安电子科技大学出版社,1993.

[19] 赵雅兴.电子线路 PSpice 分析与设计[M].天津:天津大学出版社,1995.

[20] 倪光正,钱秀英,周佩白.电磁场的计算机辅助分析[M].西安:西安交通大学出版社,1985.

[21] 盛剑霓.工程电磁场数值分析[M].西安:西安交通大学出版社,1991.

[22] 张文灿,邓亲俊.电磁场的难题和例题分析[M].北京:高等教育出版社,1987.

[23] 马西奎.电磁场理论及应用[M].西安:西安交通大学出版社,2000.

[24] 金建铭.电磁场有限元方法[M].西安:西安电子科技大学出版社,2000.

[25] 刘国强,赵凌志,蒋继娅.Ansoft 工程电磁场有限元分析[M].北京:电子工业出版社,2005.

[26] 王瑞禹.电磁场理论计算机辅助教学[M].西安:西安交通大学出版社,1988.

[27] 梁正波.干式空芯电抗器匝间短路故障在线检测方法研究[D].西安:西安交通大学,2010.

[28] 张子阳,赵彦珍,李华良,等.1000 kV 交流特高压输电线路用玻璃绝缘子串电压分布特性的研究[J].华东电力,2007,35(6):29-31.

[29] 翁棣,唐先进,赵新景,等.高压静电除尘实验研究[J].实验技术与管理,2006,23(7):17-20.

[30] 陈桂阳,成立,裴慧坤,等.500 kV 交流复合绝缘子电场分布优化设计[J].陕西电力,2015,43(3):58-62.

[31] 杨振宝,黄文武,赵彦珍,等.基于 ANSYS Maxwell 的干式空芯电抗器匝间短路故障瞬态特性的仿真分析[J].实验科学与技术,2018,16(6):50-53.

[32] 李建华.干式空芯电抗器工频磁场屏蔽方法的研究[D].西安:西安交通大学,2013.

[33] 严文娟,贺国权.基于 OrCAD 的电子电路分析与实践教程[M].成都:西南交通大学出版社,2011.

[34] 张东辉,邓卫,牛文豪,等.基于 OrCAD Capture 和 PSpice 的模拟电路设计与仿真[M].北京:机械工业出版社,2019.